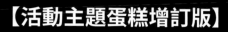

【活動主題蛋糕增訂版】

韓式裱花

創意甜點師 **艾瑞卡** Erica 著

超過 600 張步驟圖、43 支完整裱花影片，
以及作者不藏私完美配色秘訣、調色方法。

推薦序 ▶ 韓式裱花專書 值得你的期待

近 2～3 年來由於韓式裱花蛋糕變得非常受歡迎，全球各地興起了一股想要學習的風潮，無奈受限於時間距離的約束，加上國外的專業講師也不充足，所以無法滿足大家想求知學習的慾望，對此，身為裱花蛋糕講師的我也深感遺憾。

Erica 既是我的好友也是學生，當我聽到她要出書教大家做裱花蛋糕，以滿足各方求知若渴的需求時，覺得非常高興，能有這個機會幫她寫序，更是感到光榮。

Erica 是我眾多學生當中實力表現最為出色者，印象中她每次上課都充滿了熱情，Erica 如此向學又不斷精進自身實力，能夠寫出這麼棒的一本書，不管是誰都會為之高興。

最後要說的是，我相信這本書對於裱花蛋糕初學者、入門者一定能有所幫助。

최근 2~3 년 한국식 버터크림 플라워 케이크의 인기가 매우 많아져서 세계 각국에 배우기를 희망하는 사람들이 많은 것으로 알고 있습니다. 하지만, 시간과 거리의 제약 및 각국의 전문 강사 부족 등으로 버터크림 플라워 케이크를 배우려는 사람들의 욕구를 충족시키기에는 한계가 있어 보입니다. 이러한 것이 버터크림 플라워 케이크 강사로서 아쉬웠습니다.

저의 친구이자, 제자인 Erica 양이 사람들의 욕구를 충족시키는데 도움을 주고자 버터크림 플라워 케이크 관련 서적을 출간한다고 소식을 전했을 때, 저는 매우 기뻤습니다. 또한, 이렇게 추천사까지 쓸 수 있게 되어 더없이 큰 영광으로 생각합니다.

Erica 는 저에게 배운 많은 우수한 학생들 중에서도 매우 뛰어난 실력을 갖추었고, 누구보다도 열정적으로 수업에 임했던 것으로 기억합니다. 이러한 Erica 가 더욱 실력을 갈고 닦아 이런 좋은 책을 출간하게 된 것을 누구보다도 기쁘게 생각하며, 이 책이 버터크림 플라워 케이크를 배우려고 하는 사람은 물론 이미 배운 경험이 있는 사람에게도 도움이 될 것이라고 생각하며 추천사를 마치고자 합니다.

KIM&CAKE 創辦人

作者序

認識它、愛上它、戀上它
韓式裱花・繽紛的花花世界

　　曾經，我從事金融業，在因病休養期間認識了糖霜餅乾，畫著畫著畫出了興趣，索性辭掉工作，成立了「Erica Cake 艾瑞卡創意甜點」粉絲團，從此，烘焙與甜點裝飾藝術就這麼突然的出現在我的生命中，成了我的興趣及志業。

　　2015 年韓式裱花風靡全台，晶瑩透亮的花朵以及不同於以往的蛋糕裝飾很快的吸引了我的目光，我毅然決然的往韓國奔去，也很幸運的，我找到了 Kim 成為我的啟蒙教師，為我韓式裱花的學習路上打下穩固的基礎。不久後，韓國豆沙裱花也有了更新的突破，為傳統的韓式米糕注入新的生命。對於我來說，學習這些新的創意及裱花的技術都讓我感到相當興奮，漸漸的也能夠用自己的手法及思維做出自創的擬真花型。我喜歡在工作室裡靜靜裱花，看著一朵朵花兒像有了靈魂般的開著，練到手痛手腫已經不再重要，作品完成時，那份成就感真的讓我甘之如飴。

　　我認為，裱花是一門較專業的裝飾藝術，需要更多的練習以及手勢的調整，要單獨依靠文字及圖片的敘述來自學真的不容易。我一直在思考要用什麼方式才能讓不會裱花的讀者也能夠看懂這本書，而不要僅僅是以讓人感覺抽象的圖文敘述來教學。因此，我們拍了一些實作的短片，讓讀者搭配圖文學習時，能夠更快的進入狀況，學到更扎實的技巧。

　　我要將這本書獻給親愛的老公 Kevin 和公婆，感謝老公在我忙碌時，總是靜靜的做我的後盾，讓我可以專心的完成這本書的編寫；感謝公婆總是默默的支持，從不曾叨唸過我這個不會下廚的媳婦，讓我可以心無旁騖的朝著自己的理想及夢想前進。感謝 Brian Cuisine 的 Brian，因為這次出書而有機會相識，對於素昧平生的我提供了許多專業的意見及協助。也要感謝朱雀文化的邀請和出版社所有的同仁，讓我有機會可以跟大家分享韓式裱花的魅力。

　　2020 年的今天，這本書已發行近 3 年，隨著這次的修訂再版，補全了豆沙霜的配方，也新增了數個新花型以及廣受好評的花籃蛋糕的製作方式，讓這本書變得更加完整、豐富。

　　最後謝謝正在翻閱此書的你，希望這本書可以幫助你更認識韓式裱花，進而愛上這美麗的花花世界！

艾瑞卡
Erica

謝謝 Erica 讓我們美夢成真！

扎實基本功 注重細節

　　韓式裱花給人的第一印象就是十分精緻與和真花極度相近的美麗，但是在這亮眼的背後卻是需要不斷鑽研每一類型的花體與持續的練習，才能達到令人驚呼連連的成果；猶記得第一堂上完 Erica 老師的課後，我回到家已經半夜一點多，當我邊整理邊回想上課內容時，我其實很疑惑「怎麼會有人在做這種不敷成本的事？」，因為 Erica 老師不會因為原訂的上課時間到了，就趕著學生下課，對於 Erica 老師來說遠比下課更重要的事，就是讓學生真正完全學會當日課程的花型。

　　在教學的過程中，Erica 老師是十分嚴格且注重細節，所以我常常會被 Erica 老師要求重新再擠幾朵花，但是當看著自己完成的作品時，一切的努力與練習都值得了，所以我非常感謝 Erica 老師對我的要求那麼高，因為要有美麗的成品，就要在扎實的基礎功上努力！謝謝 Erica 老師的教導，讓我們一同栽進韓式裱花的世界吧！

Mory Wu

一起來體驗花花世界的美妙吧！

　　一直很喜歡進修學習，找到好老師尤其重要。
　　其實追蹤 Erica 的粉絲頁很久了，從最一開始的糖霜餅乾到韓式裱花，連作品照片都能看出 Erica 的用心。

　　一開始因為時間無法配合一直錯過老師的課程，還寫了訊息請老師開新課務必提前通知我，沒想到老師都記下來，終於讓我有機會學習韓式裱花，扎扎實實的跟著老師，一瓣、一瓣的擠出生動花朵，在蛋糕上組合出不同表情、姿態的美麗花園。更有機會體驗到老師認真、無私的教學態度，課程畢業也快 1 年了，到現在有任何裱花、調色問題都能跟老師請（求）教（救），非常值得推薦給大家，一起來體驗花花世界的美妙吧 ♥

溫筱蘋

一步步成為裱花高手！

　　美的事物大家都喜歡，但是對於創造美美的裝飾更是 Erica 老師的拿手絕活，有著裱花多年歷練的 Erica 老師遠赴韓國學習最正統最道地的韓式裱花，為的就是讓學生原汁原味的參與她堅持使用在韓國學到的配方，堅持使用韓國的奶油，堅持自己的學生們達到一定的標準才肯 say yes。由於這些堅持，讓每一位她教出來的學生能夠驕傲的、自信的展現自己完成的成品。入手這本書的你，「恭喜，你們挑對了！」你們也可以從書本裡深深了解到 Erica 老師的細心且詳細的解說，讓你一步一步的成為裱花高手。

最認真的韓式裱花老師

　　在 FB 上面看著老師的作品很久了，心裡一直有股衝動想去上課，無奈總是找不到適合的時間，而且老師的課搶手到一轉眼就額滿了。(哭) 終於有天讓我找到時間上課，於是滿心歡喜的報名並等待上課日的到來。

　　第一次見到老師時就覺得老師是個很嚴謹的人，果然，在課堂期間就可以感受到老師對教學的堅持與認真，四天課程下來，完全新手的我也能擠出了一朵朵美麗的奶油花，看到蛋糕上面綻放著滿滿的花朵，心裡真的很有成就感！老師的認真及專業的教學真的只有上過課的人才會知道，非常推薦還沒上過老師課程、還在觀望的人來體會一次老師認真的教學態度，恭喜老師出書！

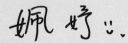

學員心聲 謝謝 Erica 讓我們美夢成真！

教學認真 堅持原創

　　心中嚮往搭上風靡全球的韓式裱花列車，特地從馬來西亞飛到熟悉的台灣尋夢……有幸遇到個性隨和、教學認真及堅持原創的 Erica 老師，讓我在韓式裱花藝術上奠定了穩固的基礎功，從而能將百搭色調、千變萬化的花卉表現，點綴每一份甜點，那是一種前所未有的幸福美，感恩擁有一位如此不徇私，將所學傾囊傳授技藝的 Erica 老師。

　　看著她專研及執著於真花與裱花相似度和獨特的調色技巧，著實令人感動，無怪乎她能將各種花色表現得栩栩如生，堪稱業界奇葩！喜聞 Erica 老師出書將技藝傳承，此乃業界珍貴的典藏好書！一書在手、受用無窮！特此至誠恭賀！

沒有學會、沒有完成，老師就陪你到多晚！

　　才點開 Erica 老師的網頁沒多久，便立即被她關心學生的學習動機、課堂中的練習方式甚至是下課後的練習作品給深深吸引，決定報名韓式裱花課程。

　　報名後，更是感受到老師的用心：每朵花除了示範外，老師還會握著你的手慢慢教你所有的技巧，直到你可以獨自練習為止，我們還有到晚上九點多才下課的記錄呢！Erica 老師的一貫教學模式：「沒有學會，沒有完成，老師就陪你到多晚！」那麼認真的教學模式，成品當然是非常漂亮，連在捷運上都一直有人詢問該去何處購買或是要直接購買我的成品！

　　學習烘焙約十年了，期間還曾到藍帶去圓夢，很慶幸遇到了 Erica 老師，讓我踏入了烘焙另一層更美、更有藝術境界、更上一層樓的領域。

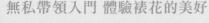

無私帶領入門 體驗裱花的美好

依舊記得初邂逅韓式裱花蛋糕，便受其擬真之姿態、透光自然不造作之色澤與多變之表現形式所深深吸引。從此，開啟了一趟尋尋覓覓於專精韓式裱花創作教學的求師與探索之旅。由於本身具備藝術設計背景、從事教育相關行業亦係烘焙極度愛好者，難以想像孰能滿足因職業病而不自主吹毛求疵的自己，然而，Erica 辦到了，近乎完美的令我臣服。

深信所有具備藝術涵養的人皆明白，於盡興創作揮灑之前，扎實的基本功底乃係不可或缺的充要條件；對於教育者而言，鷹架理論裡欲促進自主負責學習，重點乃在教師所扮演之「支持者」與「傳授者」逐步搭鷹架的角色。在 Erica 老師的課堂上，我很驚艷的，發現她於授課時綜合具備了上述嚴謹特質。不僅教學結構化、個別化，由淺入深、適宜的掌握授課節奏，並用其親切溫和之個人特質不斷鼓勵面臨學習卡關的學員，親自帶領反覆練習，不厭其煩一遍又一遍……直至達成目標。從 Erica 身上，我看見的不僅僅是她對裱花的熱情，還有責任！一種將裱花藝術傳承下去的責任。

韓式裱花藝術，一門快樂的閉門造車的作業，令我重新思考對藝術創作之初衷熱忱、對身心靈困頓時的覺知感悟，透過它無所限制的呈現，並感染身邊的所有人。

感謝 Erica 無私的帶領入門，讓我體驗這般美好。在此，誠摯邀請大家，一起透過 Erica、透過此書，盡情徜徉於韓式裱花的藝術海洋。

不藏私，裱花技巧大公開

在接觸 Erica 老師前，我另外上過 2 位韓國老師的裱花課程。畢竟在華人的觀念中，韓式裱花既然是韓式，就該跟韓師學習。

但是也許是語言的隔閡，基礎並沒有打的非常好，後來看到 Erica 老師的課程文，剛開始抱著姑且一試的心態，沒想到老師教學非常的仔細，甚至犧牲了休息時間，寧可超時工作，也要確認學生們是真的學會，教授的比韓師更好，相信老師一定會不藏私的把所有技巧公開給大家。

目錄
Contents
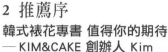

Part1
韓式裱花 Q&A 19

Part2
韓式裱花—奶油霜作品

書中影片
這樣看！

方法一 有Line就可掃

 → → → → → →

開啟LINE APP　　好友　　　　　　　　行動條碼　對準書中條碼　連結開啟播放

方法二 下載APP也很簡單

 連結上網後
 開啟手機或平板
 應用程式下載功能

 搜尋 QR Code
 下載安裝 APP
 點選開啟 QR Code APP
 對準書中條碼
 連結開啟播放

韓式裱花 Q&A 19

什麼是韓式裱花？
學韓式裱花困難嗎？
用什麼蛋糕？如何配色？
怎麼調色？
惠爾通和韓國花嘴有什麼不同？
你對韓式裱花的疑問，
Erica 老師統統告訴你！

韓式裱花 Q&A 19

Q1 什麼是韓式裱花？

A 裱花創作源自於歐美。約 6～7 年前，韓國開始有一些熱中於裱花的先驅，嘗試著在既有的裱花基礎下，創造出不同於以往的作品。他們調整了原有花嘴的厚薄度，使得製作出來的作品更接近於真實花朵。搭配韓國獨有的白色奶油製作出透明感的奶油霜，搭配這些更薄、更透亮的質感，一朵朵清新粉嫩的花朵，再次以令人驚歎的面貌創造出一股破舊立新的風潮，席捲了台灣、中國、香港、馬來西亞等國家。短短數年間便在裱花藝術的領域中獨樹一格，成為新的一門裱花學派。

一直以來，韓國人對米糕就有著相當特別的感情，這之中也有人嘗試著做出韓國市場更能接受的裱花作品：將奶油霜用豆沙取代，將大部分食用色素用較健康的蔬果粉替換，把豆沙做成的擬真花朵，裝飾在傳統的米糕上，在各個重要的紀念時刻、節日，成功的為傳統文化注入新的生命力。

由於豆沙的可創造性又比奶油霜更加豐富，豆沙裱花又創造出許多過去歐美體系不曾出現的花型，在這幾年間，也持續不斷的有新的技法 & 作品，這股風潮還未平息、故事還在繼續，讓我們一起藉由這本書，一起來認識韓式裱花吧！

Q2 韓式裱花很困難嗎？

A 韓式裱花可以算是一門比較專業的裝飾技術，說實話，要短時間上手的確不容易。它不像烘焙蛋糕，或許只要有配方，就能夠做出類似的成品。讀者可能需要一定程度的練習，才能夠做出較理想的成品。

Q3 韓國花嘴和惠爾通花嘴有什麼不同？

A 韓國花嘴是基於惠爾通（Wilton）花嘴而創造出來的，大多數的編號和形狀都是相同的，也有因為新花型的需求而創造出一些惠爾通原本沒有的花嘴型號。部分韓國花嘴會改良原本的形狀，可能變得更薄，或是某個花嘴的下半部不變，上半部比原先更窄些。韓國花嘴有少數幾顆沒有編號，是為達成某些效果，用手工製作出想要的形狀，並不是工廠大批生產的成品，這些花嘴我們稱為手工花嘴。

Q4 韓式裱花要用到哪些工具？

 常見的韓式裱花工具有：花嘴、裱花剪、油紙等，備好必備的工具，能讓裱花的過程更加順暢。分別將常見的工具分述如下。

01 花嘴
有各種開口造型，應用在各種不同的花型上。

02 花嘴轉換器
套在裱花袋上，更換花嘴時非常便利。

03 裱花剪
轉移成品或是蛋糕組裝時使用。

04 夾子
夾取小物品及少量色粉時使用。

05 油紙
完成成品後方便轉移，某些花型沒有底座，也可直接裱在油紙上，冷藏或冷凍後即可取下花朵。
油紙有不同尺寸，小油紙為5×5公分；大油紙為7×7公分。也可以依自己需求，用烘焙紙來裁切。

06 裱花釘
裱花的必備工具，將花朵裱在花釘上，再用花剪取下放到蛋糕上。有大小之分，Erica 老師常用的小花釘直徑約 4 公分、大花釘直徑約 7.5 公分，也有其他尺寸。

07 裱花釘座
用來放置裱花釘的木頭底座。

08 磅秤
用來秤量各類材料時使用。

09 裱花袋放置架
放置裝了奶油或豆沙的裱花袋，方便拿取以及清潔。

10 攪拌用容器（碗、小盆）
為奶油霜與豆沙調色時方便拌勻使用。

11 韓國小刮刀
韓國製的彎頭刮刀，用來攪拌奶油霜及豆沙。

12 耐熱小刮刀
可用來刮取、攪拌奶油霜及豆沙。

13 壓克力板
用來放置成品的底板。

14 裱花袋
有拋棄式，也有重複使用的，用來盛裝奶油霜或豆沙，可直接連接花嘴，也可裝設轉換器後再交換花嘴使用。

15 塑膠刮板
整理裱花袋裡的奶油霜或豆沙時，或是蛋糕抹面可以使用。

16 牙籤
調色時可用來沾取少量的色膏。

17 百合花釘
部分花型代替裱花釘使用，有不同尺寸可供選擇。

Q5 裱花剪如何使用？

A 裱花剪是裱花的必備工具。它的構造和一般剪刀不同，前面刀刃設計，能將裱好的花朵輕易地自花釘上移開。只要有做基底的花朵，都須使用裱花剪將作品取下。

步驟

1．將花剪打開，置於奶油霜花下方呈 V 字形。
2．花釘快速旋轉。
3．奶油霜花就能離開花釘

> **Tips** 千萬不要像一般剪刀使用方式，將奶油霜花剪下來。用剪的方式，容易讓奶油霜花從花剪上掉下來。

Q6 裱花袋怎麼使用？

A 裱花袋是裱花不可或缺的工具，擁有順手好用的裱花袋、專業的使用方法，是成就一朵朵美麗奶油花的好幫手。

1 將花嘴轉換器放入全新的裱花袋。

2 將轉換器推至最前端，以指甲劃出壓痕。

3 取出轉換器，自壓痕前約 0.5 公分剪下。

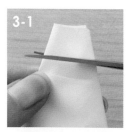

4 將轉換器推出裱花袋並推緊（圖4-1），套上花嘴（圖4-2），再將轉換器接頭栓緊（圖4-3）。

1　利用花嘴轉換器可以更換不同花嘴，非常便利。

2　花嘴轉換器有大有小，花嘴有大小之分，不要裝錯了（圖 2-1）。目前少部分偏大的韓式花嘴沒有適合的轉換器，因此花嘴直接放進裱花袋推緊（圖 2-2），即可使用。

Q7 如何在裱花袋裡填入奶油霜或豆沙？

A

1　將裝好花嘴的裱花袋套進杯子中，將裱花袋完全反折開來，再填入奶油霜（或豆沙）（圖 1-1）。使用杯子可避免新手填裝奶油霜（或豆沙）將袋口弄得髒兮兮。將裝好奶油霜的裱花袋置於桌上，用刮板將奶油霜（或豆沙）推至前頭（圖 1-2）。

2　將裝好奶油霜（或豆沙）的裱花袋握在手心（圖 2-1），將上頭多餘的裱花袋捲在食指上（圖 2-2、圖 2-3），再用拇指夾緊（圖 2-4），就可以開始裱花了。這個方式可避免過長的裱花袋尾端影響工作，也可在施力時節省力氣。

每次填裝奶油霜（或豆沙）的份量不要太多，太多會不好掌握，且裱製過程反而費力，同時捲在食指上的裱花袋一定要拉緊，如此一來，可省力很多。

份量適中

份量過多

Q8 百合花釘（Lily Flower Nail）怎麼用？

A 百合花釘用在需要裱出有深度的花朵，例如杜鵑花（見 P.124）及木槿花（見 P.134）等。

1 取出百合花釘（有 4 種尺寸可供選擇），一組有兩個，分為「上百合花釘」以及「下百合花釘」。

2 將油紙或是自行裁切的烘焙紙放在「下百合花釘」上。

本書使用直徑 5.7 公分和直徑 4.1 公分的百合花釘，需使用 10 公分見方與 8 公分見方的油紙。

3 將「上百合花釘」置於油紙上方往下壓緊，將多出來的油紙往下翻折。

4 將「上百合花釘」移除。

5 開始在油紙上裱花。

Q9 豆沙霜怎麼做？

豆沙霜的好壞，決定了豆沙裱花的美感。Erica 老師特別公布兩款豆沙霜配方，方便讀者使用。

【配方一】豆沙霜

白鳳豆豆沙 200 克

麥芽糖漿 30～35 克（可依軟硬度調整）

【配方二】豆沙奶油霜

白鳳豆豆沙 200 克

軟化奶油 20～40 克（可依軟硬度調整）

將室溫白鳳豆豆沙與糖漿（或軟化奶油）一同放入攪拌機打至順滑即可，以保鮮膜包覆，以免水分蒸發變得乾燥。使用時，若太硬可以噴一些水，調整軟硬度。

Tips 可在豆沙霜中增添些許檸檬汁、蘭姆酒、香草精等，來增添豆沙霜風味。

豆沙霜可冷凍保存約 2 週，使用時取出退冰即可使用；冷藏可保存 3～5 天，取出可立即使用（冷藏會比室溫稍硬一些）。

Q10 如何打出透亮的韓式奶油霜？

韓式裱花所使用的奶油霜屬義式奶油霜，傳統奶油霜是將奶油置於室溫，回軟至手壓輕微下凹程度再使用，這樣的做法，打出來的奶油霜沒有透亮的光澤感。韓式裱花使用的奶油霜必須在奶油冷凍冰硬的狀態下和義式蛋白霜混合，如此便能夠製作出質感透亮的奶油霜。

左邊傳統義式奶油霜，使用室溫回軟的無鹽奶油，無透明感。右邊是韓式透明奶油霜，使用冷凍冰硬的無鹽奶油，具透明感。

傳統義式奶油霜　　　韓式透明奶油霜

韓式透明奶油霜製作方式

材料

無鹽奶油 450 克（建議選擇顏色較白的無鹽奶油）

白砂糖 180 克（分成 120 克、60 克各一份）

蛋白 120 克（常溫）

水 50 克

1 將蛋白倒進鋼盆中（圖 1-1），
以中高速打出泡沫（圖 1-2）。

2 先加入一半的白砂糖，打 10
秒後，再加入剩下的一半以
中高速打至硬性發泡。

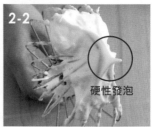

Tips

打發蛋白時，若打蛋器上方的蛋白呈現向下彎曲的鷹勾狀，
稱為濕性發泡（圖 2-3），持續打到蛋白霜呈直立硬挺狀，
則為硬性發泡（圖 2-2）。

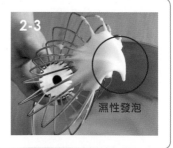

3 攪拌機在打蛋白的同時，另
一邊將白砂糖 120 克、水 50
克倒入鍋中（圖 3-1），以小
火煮至 120℃（圖 3-2），千
萬不要一直攪拌以免反砂。

4 蛋白打至硬性發泡後，同時糖水也煮至 120℃，將攪拌機減至低速（圖 4-1），並快速倒入煮好的糖漿（圖 4-2）。

5 糖漿倒完後（圖 5-1）立即將攪拌機調回至中高速，將蛋白霜打至常溫。此時取下球狀攪拌頭，換上槳狀攪拌頭。

6 加入冷凍冰硬的切丁奶油。要製作具透明感的奶油霜需使用冰硬的奶油，可以在奶油略微回溫時，先切成丁狀，再置於冷凍庫冷凍。

Tips 若希望效果更佳，可將鋼盆放進冰箱中冷藏 20 分鐘，但冰箱中切勿有其他異味，以免蛋白霜吸附異味，影響奶油霜的味道。

7 加入冰硬的奶油攪打過程中，會出現「油水分離」（圖 7-1）、「豆渣狀」的情形，只要持續攪打，就會出現滑順狀態（圖 7-2）。請務必加上罩子或蓋上濕布，防止奶油霜四處飛濺。

Tips 從放入冰硬的奶油後，到出現滑順狀態，攪打時間至少須 10 分鐘左右。奶油霜冷凍可保存一個月，冷藏約半個月。

Q11 什麼是韓國米糕？

A 韓國米糕和台灣的狀元糕很類似，是以米粉蒸熟而成，蒸出來建議半小時內立即食用最好吃，隨著時間愈久，米糕會愈乾硬，如想再食用，須重新蒸過。

Q12 韓國米糕怎麼做？

A 韓國米糕口感非常 Q 彈，在韓國當地幾乎都是現做現吃的米製品。大多數的韓國媽媽都會做米糕，屬於韓國的傳統米食。他們通常在自家先將米清洗至少 10 次，直到洗米水呈現清澈透明，再加水浸泡 8 小時（夏天約 6 小時，中間須換水兩次；冬天約 8 小時可不換水）。等米泡好後，再置於篩網上瀝乾 20 分鐘。等米瀝乾後，就可以拿去磨坊磨成粉，並告知是要做米糕用的，磨坊就會調整米粉粗細和鹹度，磨出的成品，就可以拿來做米糕了。若仍有剩下來的米粉，放在冷凍約可保存兩週。

台灣並沒有這樣的磨坊，因此下面方式是 Erica 老師實驗多次，並和韓國老師反覆確認，終於用台灣的蓬萊米粉做出接近韓國口感的米糕。

韓國米糕

材料（6 吋米糕）	器具
蓬萊米粉 450 克	蒸鍋、篩網、刮板、矽
水 292.5 克（分成 225 克 +67.5 克）	膠墊、6 吋慕斯圈、蒸
砂糖 55 克	籠布、廚房紙巾

註：製作韓國米糕，並無精確之配方，須學會判斷狀態，才能維持米糕每次製作出來的品質。且不同的米粉吸水率也不同，建議多操作次，方能抓到要領。

1 米粉置於大盆中，將 225 克水倒入。

用手將米粉與水搓揉混合（圖 2-1），直至混合均勻（圖 2-2）。

2

3 將搓揉均勻的米粉過篩（圖 3-1），放入袋中（圖 3-2），於冰箱中靜置隔夜（至少 8 小時），讓水分能夠更均勻的與米粉結合。

4 將靜置後的米粉從冰箱取出，倒入缸盆中，分次加入 67.5 克的水搓勻。

Tips 水分建議一點一點加，視情況增加或減少。

5 搓勻後的米粉應呈現輕握可成糰（圖 5-1），輕撥不會崩裂，按壓會散開（圖 5-2）的程度即可。

6

將米粉過篩（圖 6-1），加入 55 克砂糖（圖 6-2），輕輕拌勻（圖 6-3）（砂糖可視甜度調整）。

7

蒸籠底層鋪上一張廚房紙巾吸收多餘的水蒸氣，再放上矽膠蒸籠墊、慕斯圈。

8

將米粉輕撒入慕斯圈中（圖 8-1），鋪滿後以刮板刮平（圖 8-2）。

Tips 此時有些米粉會掉落在慕斯圈外頭沒有關係。

9

上下左右稍微將米糕推緊實，讓慕斯圈與米糕之間有一點空隙。

將蒸籠置於瓦斯爐上,蒸籠蓋以蒸籠布包好(圖 10-1),開大火蒸 20 分鐘。蒸 4 分鐘後,先取出慕斯圈(圖 10-2),蓋上蓋子繼續蒸至時間到,熄火燜 5 分鐘即可出爐(圖 10-3)。

10

11

先以平盤(圖 11-1)將米糕反轉(圖 11-2)後取下矽膠墊,然後再蓋上蛋糕底板(圖 11-3)將米糕翻回正面(圖 11-4),圍上透明圍邊(圖 11-5)即可開始裝飾。

Q13 什麼是韓國希拉姆蛋糕?

A 希拉姆蛋糕是韓國的傳統蛋糕,希拉姆亦是肉桂英文的諧音。以肉桂粉及紅蘿蔔為主材料,烘焙起來滿室生香,因此又稱為紅蘿蔔蛋糕。這種蛋糕厚實,口感扎實類似磅蛋糕,能撐起上頭奶油霜花的重量。

Q14 希拉姆蛋糕怎麼做？

A 希拉姆蛋糕製作方式

材料（一個 6 吋蛋糕或 16 個約 55 克的杯子蛋糕）

低筋麵粉	220 克
蘇打粉	3 克
肉桂粉	4 克
雞蛋	3 個（常溫）
紅砂糖	190 克
鹽	3 克
食用油	200 毫升
香草精	2 滴
紅蘿蔔	150 克（刨絲或切碎）
核桃仁	15 克
蔓越莓	15 克
萊姆酒	少許

1 低筋麵粉、蘇打粉、肉桂粉混合後過篩備用。

2　雞蛋、紅砂糖、鹽、食用油、香草精倒入攪拌缸中，充分混合。

3　將步驟 2 倒入步驟 1 中，輕而快速的攪勻，攪拌到麵粉稍微還能看見一點的程度。

4　在步驟 3 中放入核桃仁、蔓越莓、紅蘿蔔、萊姆酒（圖 4-1），輕輕拌勻至看不到麵粉（圖 4-2）即可，過度攪拌會產生出筋現象。

5　使用防沾烤模（或蛋糕模底層和側邊鋪上油紙防沾），將拌勻的麵糊倒入蛋糕模（圖 5-1）裡，並將蛋糕模在桌上重摔兩次（圖 5-2）以震出空氣。

6 烤箱預熱至 180℃，並改以 170 度烤 70 ～ 75 分鐘（烤箱實際溫度皆有差異，請以實際使用的烤箱為準）。以竹籤插進蛋糕體中間，拿出來時竹籤沒有沾粉即完成。

6-1

Q15 食用色膏和蔬果粉如何調色？

A 色膏和蔬果粉都可以使用在奶油霜及豆沙上調色。但由於色膏是膏狀，蔬果粉是乾粉，讀者可視自身的需求做選擇。例如豆沙加了蔬果粉，質地可能會比未調色時乾一些，調色時可能就要額外添加一些液體來調整。

在使用習慣上，豆沙的調色大多使用天然蔬果粉，因為蔬果粉比較容易和豆沙混合。奶油霜比較常添加色膏做調色，因為奶油霜是油性的，如果使用天然蔬果粉調色，必須先確認蔬果粉的質地是細緻的，以免加入奶油霜調色時會產生一些無法溶解的色塊，影響使用。

為了讓讀者更容易調配出理想的顏色，Erica 老師用 11 支基本色色膏（圖 1-1）、7 款蔬果粉（圖 1-2），調配出超過 30 種的繽紛奶油霜（P27）及 22 種具有質感的豆沙霜（P28）。想知道這些顏色怎麼調配出來？跟著 Erica 老師的「色膏調色比例」及「蔬果粉調色比例」，試著調配出這美麗顏色吧！

1-1

1-2

130X1
117X1

120x4
101x2

120x4

130X1
118X1
104X1

164X1

130X1
117X1
104X1

120X3
118X2

164X3
106X3
104X1

164X2
104X1

130X2
164X1

130X2
118X1

104X3

130X3

103X2
120X1

103X3
107X1

120X3
106X3
104X2

102X1
130X1

120X2
106X2
104X1

106X3
107X1

106X2
107X1

106X1
107X2

102X3
130X3

106X2
107X2
104X1

107X1

102X4
101X1

111X1
107X1
104X1

102X3

107X1
111X1
104X1

111X1
104X2

111X3
104X1

111X5
102X1
101X1

111X2
104X1

102X4
111X3
101X1

111X1
107X3
104X2

色膏調色比例

奶油霜利用色膏來調色,可以調出
非常繽紛、具光澤感的色澤,只要
依照此頁提供的比例,就可以跟老
師一樣調出美麗的彩色奶油霜。

註:1. Erica 老師使用 Americolor 的
色膏,Americolor 色膏一共有 41 種顏
色,讀者只要使用 11 支基本色(P.26
圖 1-1),就可以調出本頁繽紛的彩
虹色調。

2. 色膏只需要一點點,顏色就很明
顯。以牙籤沾取一點色膏,以本頁標
示的份量沾取其他顏色混合,即可輕
易調出書中所有的顏色。請讀者務必
多試幾次,就能抓到手感。

蔬果粉調色比例

豆沙講求健康大多以蔬果粉來調色（當然也可以用色膏調色），只要搭配得宜，蔬果粉的細緻度不輸色膏，同時顏色也較為柔美。（以下的粉量以 5 份為標準，深色是 5 份、中間色是 3 份、淺色是 1 份）

甜菜根（5）

甜菜根（3）
南瓜粉（3）

甜菜根（3）

甜菜根（3）
南瓜粉（1）

甜菜根（1）

可可粉（3）

南瓜粉（5）

甜菜根（3）
紫薯粉（3）

紫薯粉（1）

南瓜粉（1）

竹碳粉（3）

南瓜粉（3）

紫薯粉（3）

韓國青梔子粉（5）

韓國青梔子粉（1）

韓國青梔子粉（5）
抹茶粉（3）

抹茶粉（3）
竹碳粉（3）

抹茶粉（3）
南瓜粉（3）

韓國青梔子粉（3）

抹茶粉（3）
可可粉（3）

抹茶粉（3）

韓國青梔子粉（3）
抹茶粉（5）

Q16 調色 Step by Step

A 奶油霜與豆沙皆可使用色膏、色粉和天然蔬果粉調色,如可可粉、竹炭粉等,唯蔬果粉使用前必須過細篩,避免奶油霜和豆沙中會有不易溶解的蔬果粉顆粒。

奶油霜調色(蔬果粉)

1‧準備好蔬果粉及奶油霜,取適量蔬果粉,放在奶油霜上。
2‧將奶油霜及蔬果粉攪拌均勻即可。
3‧蔬果粉的粗細會影響效果,建議過篩或磨細使用。左邊為過粗的蔬果粉,攪拌後仍呈現大顆粒;右邊為過篩後的蔬果粉,顏色較為均勻。

奶油霜調色(色膏)

1‧準備好色膏及奶油霜,用牙籤沾取些許色膏,放在奶油霜上(圖1-1)。

> *Tips* 已沾過奶油霜的牙籤,千萬不能再放入色膏內,以免色膏變質(圖1-2)。

2‧將奶油霜及色膏攪拌均勻即可(圖1-3)。

> *Tips* 色膏多寡會影響顏色深淺,為避免顏色過深,可以先用少量色膏慢慢調整。若顏色過重,也可以加入原色奶油霜來補救。

豆沙霜調色（蔬果粉）

1 · 準備好蔬果粉及豆沙霜，取適量蔬果粉，放在豆沙霜上。
2 · 將豆沙霜及蔬果粉攪拌均勻即可。
3 · 蔬果粉的粗細會影響效果，建議過篩或磨細使用。左邊為過粗的蔬果粉，
  攪拌後仍呈現大顆粒；右邊為過篩後的蔬果粉，顏色較為均勻。

豆沙霜調色（色膏）

1 · 準備好色膏及豆沙霜，用牙籤許沾取些許色膏，抹在豆沙霜上。

 已沾上豆沙霜的牙籤，千萬不能再放入色膏內，以免色膏變質。

2 · 將豆沙霜及色膏攪拌均勻即可。

Tips 色膏多寡會影響顏色深淺，為避免顏色過深，可以先用少量色膏慢慢調整。
若顏色過重，也可以加入原色豆沙霜來補救。

Q17 韓式裱花蛋糕如何配色？

A「配色」是裱花蛋糕裝飾中最重要的一個環節，也是學生們覺得最難的課程之一，新手的學生建議可以多看看國內外老師的作品，學習其搭配的技巧。其中色彩學是一門非常深入的學問，初學者可以先從下面幾種方式開始學習。

Step1

先了解 12 色相環
了解了 12 色項環各個顏色產生的方式，
有助於大家在調色上的思考方向。

這裡的色相環指的是美術中顏料混合的三原色（紅、黃、藍），而非光的三原色（紅、綠、藍）。

紅、黃、藍是色項環中的基礎色彩，也稱為三原色，它們是無法靠原料混合而成的。

將三原色等量混合，可以得到二次色——綠色、紫色、橘色。

紅＋黃＝橘色
紅＋藍＝紫色
藍＋黃＝綠色

然後依續兩兩相加，產生 6 個三次色，即可填滿 12 色項環的全部色彩。

紅＋橘＝橘紅色
橘＋黃＝橘黃色
黃＋綠＝黃綠色
黃＋藍＝藍綠色
藍＋紫＝藍紫色
紫＋紅＝紫紅色

Step2

配色教學

以下跟大家分享幾種配色方式，初學者由此開始學習會比較好上手。

1‧同色系配色方式
以相同顏色不同深淺作搭配。
可選一個深色為主色（面積較大），淺色作為副色（面積較小）
也可相反搭配，淺色作為主色（面積較大）、深色為副色（面積較小）

> *Tips* **不建議 1：1 搭配**

2‧臨近色系配色方式
色相環中小於 90 度內相臨的三個色系。臨近色系搭配有調和的感覺，因為在色相上不會存在太大的差異，所以也容易被接受，很適合初學者。

> *Tips* **除了這三組以外，還有更多不同的組合，大家動動腦，搭配看看哦！**

臨近色系

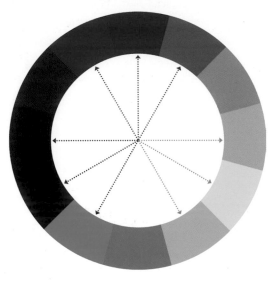

3‧互補色配色
選擇色相環中通過圓心位於 180 度（正對面）的兩個顏色。互補色配色會帶給人強烈的視覺效果，給人一種既衝突又和諧的感覺。

例如：
黃色→紫色
黃橘色→藍紫色
橘色→藍色
紅橘色→藍綠色
紅色→綠色
紅紫色→黃綠色

Ⓐ 當互補色以相等飽和度混色時，即會產生飽和的中性色，也就是灰色。

Ⓑ 互補色之兩色搭配方式千萬不可使用原色互補色搭配，容易太過搶眼和不協調的效果，建議使用淺色互補色（將原色調淡）和暗化互補色（將顏色調暗）。

互補色

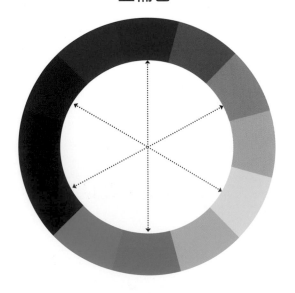

4.分散互補色搭配

相較於「互補色配色」，分散互補色就比較適合初學者，無論如何搭配都會很好看。

從色項環中選一個顏色，找到它正對面（180度）的對比色，但不選擇對比色而是選擇對比色左右兩個顏色。例如紅色對應藍綠及黃綠、紫色對應黃綠及橘黃。

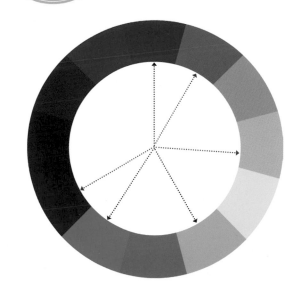

✦ *Erica* 教學重點

☑ 一個蛋糕整體的顏色建議控制在 **3** 種顏色左右，才不會顯得雜亂無重點。

☑ 色彩配色需有主次、深淺之分，請選出一個色彩做為主色（色彩較重），其他的則為輔色（顏色需調淡），或者相反。

☑ 如果不想使用色素調色，可改用天然蔬果粉調色，例如：抹茶粉、紫薯粉。但建議購買較細緻的粉類或是使用前先過篩，不然容易呈現點點狀的小顆粒。

☑ 選擇顏色時要注意比例上的分配，先選擇一個主要的顏色，其他為輔。

☑ 三色配色的黃金比例為 **5:3:1**；二色配色的黃金比例為 **5:3**，千萬不要以 **1:1** 的比例搭配。

☑ 黑白灰為無彩色，和什麼顏色都很相配，可適度加入白色產生空間感，這個方式 Erica 老師的作品很常見到。

Q18 裱花時的坐姿如何？

A 裱花需要長時間保持固定的姿勢，因此坐姿就很重要。坐姿端正，背要挺直，如此一來能讓花釘保持垂直，避免軸心移位，裱出來的花朵就不易產生歪斜或疏密度不一的窘狀。

Q19 韓式裱花的作品可以保存多久？如何保存？

A 奶油霜裱花蛋糕於冷藏可保存一週，食用前回溫即可。
豆沙製作的蛋糕（米糕）比較不耐放，建議兩天內食用完畢，米糕建議蒸完後，在 2～3 小時內食用，可品嘗其最佳風味。

清透具光澤感的奶油霜韓式裱花，
其栩栩如生的模樣，
彷彿可以聞到花香。
讓我們跟著 Erica 老師的手法，
一步步裱出朵朵美麗的奶油霜花！

Part 2

韓式裱花

奶油霜
作品

奶油霜篇

美麗新世界
迎接每個嶄新的一天

清新搶眼
可愛杯子蛋糕

搭配各色花朵,讓平凡的杯子蛋糕立刻鮮活起來,也增添了迷人的風味。不論是單朵的大花還是數朵的小花;不管是用奶油霜或豆沙霜,只要配色、組裝搭配得宜,小作品也能搶眼吸睛!

適合:畢業、拜訪好友、久別重逢。

B 雛菊 P.42

A 基礎玫瑰 P.38

E 太陽花 P.48

F 越南茶花 P.50

C 輪鋒菊 P.44

D 小蒼蘭 P.46

Rose
基礎玫瑰 Ⓐ

玫瑰是百花的基礎，想要裱好後面各種美麗的花朵，玫瑰的手勢務必要練好，多練習絕對是不二法門。利用顏色深淺、花瓣多寡的搭配，就能擁有玫瑰花園，拿來裝飾在杯子蛋糕上，立刻吸睛。

影片教學

🌸花語
The Language of Flowers
紅色：熱戀、熱愛、真心真意。
粉紅色：初戀、求愛、愛心

🌸口訣
Mnemonic Phrases　　3 5 5 6

🌸花嘴
Piping
韓國 104 號（紅色奶油霜）
（註：惠爾通 104 號亦可，但韓國 104 花嘴較薄，裱出來的花瓣較好看。）

1　底座

取 104 號花嘴，在花釘來回往上擠出一個底座（圖 1-1）。底座約為 104 號花嘴口高度（圖 1-2）。

2　花心

右手持花嘴不動，左手轉花釘，於底座上方逆時鐘轉一圈做出一個錐形花心，但花錐的口不要太大。

第一層花瓣（3 瓣）

3 花嘴豎直貼緊錐形下方，花釘逆時鐘轉，由下而上裱出略高於花心的第一瓣花瓣（圖 3-1），第二瓣需與第一瓣重疊 1/3（圖 3-2），以同樣的方式裱出 2、3 瓣。

3-1

3-2

第二層花瓣（5 瓣）

4 裱第二層時，花嘴角度略微打開，自第一層其中一瓣花瓣的 1/2 位置開始（圖 4-1），裱出第一瓣。第二瓣須與第一瓣重疊 1/3。依此步驟一共裱出 5 瓣（圖 4-2），此第二層花瓣高度和第一層同高。

4-1

4-2

Tips 花嘴下方需緊貼底座。且同一層，花瓣的高度需相同（圖 4-1）。

第三層花瓣（5 瓣）

5 第三層花嘴角度再打開一點，花瓣高度比前一層低一點點，裱製的方式同步驟 4，逐一裱出每一片花瓣，共 5 瓣。同層的花瓣高度需相同。

5-1

6

第四層花瓣（6 瓣）

第四層花嘴角度比第三層再打開一點，花瓣高度比前一層低一點，逐一裱出每一片花瓣，共 6 瓣。同層的花瓣高度需相同。

6-1

Tips

基礎玫瑰是所有韓式裱花的基礎，要裱好有其難度。但為了想裱好其他的花，這朵花務必要學好。基礎玫瑰要做成正圓才會好看，每一層花瓣要均分。注意這些小細節，不斷練習，就能把他的美呈現出來。

✦ *Erica* 教學重點

☑ **口訣要領**

基礎玫瑰裱製的口訣為 3556。意即以花心為中心點，往外第一層裱出 3 瓣花瓣、第二層裱出 5 瓣花瓣、第三層裱出 5 瓣花瓣、第四層裱出 6 瓣花瓣。如果要做成迷你玫瑰，口訣就變成 356，也就是第三層裱出 6 瓣花瓣。

☑ **裱玫瑰花時，花嘴角度的變化。**

花心（左傾 15° 角）　　第一層（直立）　　第二層（右傾 15° 角）第三層（右傾 30° 角）第四層（右傾 45° 角）

迷你玫瑰杯子蛋糕

用幾朵迷你玫瑰，
裝飾在杯子蛋糕上，
就是一個很有心意的小禮物。

Daisy

雛菊 Ⓑ

此為韓式裱花基礎花朵之一，裱製方式很簡單，也容易上手。但要特別注意花嘴角度，才能裱出具靈動感的小雛菊。小雛菊白色的花瓣很適合以奶油霜裱製，特別能表現出奶油霜透光的特質。

影片教學

花語
The Language of Flowers
愉快、幸福、純潔、天真無邪。

花嘴
Piping
韓國 102 號（白色奶油霜）
惠爾通 2 號（黃色奶油霜）

1 固定油紙

在花釘上擠一點點奶油，將油紙黏在花釘上避免滑動。

1-1

花瓣

2 取 102 號花嘴，花嘴寬口向下，細口在上，稍稍立起，右手擠奶油霜（圖 2-1），左手轉花釘，以左手轉出花瓣的寬度，緊接著右手往下，力道慢慢收掉（圖 2-2）。整個過程像是寫出數字 7 的方式，裱出一瓣瓣花瓣，依序裱滿一圈。

2-1

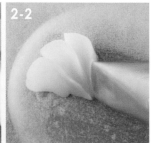
2-2

Daisy

Tips 第一瓣的大小，決定了整朵花花瓣的大小。花瓣數量不拘，但每一瓣花瓣都要一樣寬才好看。雛菊花瓣不要裱太寬，小瓣一點才會更像真花。

3 花心

取 2 號花嘴，垂直擠出黃色花心。

Tips 花心大小要適中，才顯得秀氣，建議可上網搜尋真花的圖片，參考花心的比例。

◆ *Erica* 教學重點

☑ 花嘴要領

小雛菊想要裱製得漂亮，最重要的就是花嘴的角度。角度正確，裱出來的花才會美。若是花嘴貼平花釘（圖 A-1），裱出來的花瓣死氣沉沉（圖 A-2）。

若是花嘴上方立的太高（圖 B-1），裱出來的花瓣厚重不自然（圖 B-2）。

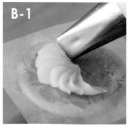

◆ 裱花筆記

Pincushion Flower
輪鋒菊（藍盆花） Ⓒ

難度 Level
♥♡♡♡♡

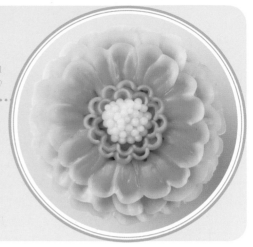

又名藍盆花的輪鋒菊，花色非常豐富，除了常見的藍色外，粉紫、棗紅、嫩黃等也很常見。可依自己需求調配顏色。這種花的裱製方式並不困難，可以直接裱在杯子蛋糕上，也可裱在油紙上，冰硬後取下裝飾。

影片教學

花語
The Language of Flowers
歸隱

花嘴
Piping
韓國 104 號（藍綠色奶油霜）
惠爾通或韓國 81 號
（藍綠色奶油霜）
惠爾通 2 號（白色奶油霜）

1 固定油紙

在大花釘上擠一點點奶油，將油紙黏在花釘上避免滑動。

1-1

2 第一～二層花瓣

取 104 號花嘴，以 M 字型（圖 2-1）裱出花瓣，圍出第一圈（圖 2-2）。第二層花瓣位置往內縮約 0.2 ～ 0.3 公分，以同樣方式裱出第二圈（圖 2-3）。

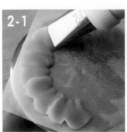
2-1

2-2

2-3

3　空隙填補

將第一圈及第二圈所圍出來的空間，以花嘴橫向擠出兩條
與花瓣相同高度的奶油霜，以免往上裱出第三層花瓣時，
容易塌陷。

4　第三層花瓣

第三層花瓣位置再往內縮約 0.2～0.3 公分，以同樣方式
裱出第三圈。

Tips 第二、三層勿內縮太多，否則花型比例不好看。

5　花心花瓣

取惠爾通 81 號花嘴，垂直
於花瓣底部位置往上拉（圖
5-1），裱出兩圈花瓣（圖
5-2）。

6　花心

取惠爾通 2 號花嘴，垂直於花
心位置（圖 6-1），擠滿小圓
點（圖 6-2）。

Tips 花心圓點須填滿勿留空洞，否則花朵整體會不好看（圖 6-2）。

Freesia
小蒼蘭（香水蘭）Ⓓ

難度 Level
♥ ♥ ♡ ♡ ♡

又名香水蘭的小蒼蘭，花色豐富，有紅、粉、黃、白等眾等眾多品種。在韓式裱花裡多為配角的花朵，但她小巧的模樣，具有化龍點睛的效果。若是將小蒼蘭擺放在杯子蛋糕當作主角，也很受女性朋友的喜愛。裱製過程不困難，記好口訣，多練習幾次就很容易上手。

影片教學

花嘴
Piping
韓國120號（黃色奶油霜）

1 底座

取 120 號花嘴，在花釘來回往上擠出一個底座（圖 1-1）。底座高度約為 120 號花嘴口一半（圖 1-2）。

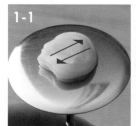

2 花心

右手持花嘴不動，左手轉花釘，於基座上方逆時鐘轉一圈做出一個錐形花心，和 P.38 的玫瑰花心相同手法。

第一層花瓣

3　花嘴豎直貼緊花心下方，花釘逆時鐘轉，由下而上裱出略高於花心的第一瓣花瓣（圖 3-1），第二瓣需與第一瓣重疊 1/3（口訣中的重疊），以同樣的方式裱出 2、3 瓣，方式同 P.39 玫瑰的步驟 3（圖 3-2）。

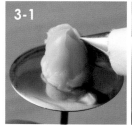

第二層花瓣

4　裱第二層時，花嘴角度略微打開，自第一層兩瓣之間位置，接連著裱出三瓣。記得，這三瓣之間相連接不重疊（圖 4-1），也就是在前一瓣結束的地方接著開始裱出下一瓣（口訣中的並排），高度需比第一層高一些。

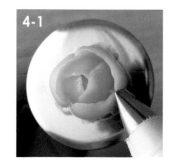

第三層花瓣

5　裱第三層時，花嘴角度再略微打開，在第二層的兩瓣之間裱出三瓣（圖 5-1），三瓣之間需留一點空隙（圖 5-2）（口訣中的分開），高度需比第二層高一些。

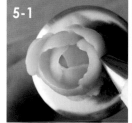

◆ *Erica* 教學重點

☑ **口訣要領**

小蒼蘭裱製的口訣為 3（重疊）、3（並排）、3（分開）。意即以花心為中心點，往外第一層裱出 3 瓣重疊的花瓣、第二層裱出 3 瓣並排的花瓣、第三層則裱出 3 瓣分開的花瓣，此 3 層一層比一層略高。掌握好這些細節，你也可以裱出美麗的小蒼蘭。

Sunflower
太陽花 Ⓔ

難度 Level
♥ ♡ ♡ ♡ ♡

又稱為向日葵，耀眼的黃色調，使她在作品中非常搶眼。簡單的裱製手法，卻能做出栩栩如生的效果，倍受學生歡迎。不論以她為主角或當成點綴的花朵，都能有出乎意料的效果。

影片教學

花語
The Language of Flowers
信念、高傲、忠誠、愛慕、沉默的愛。

花嘴
Piping
韓國或惠爾通 352 號（黃色奶油霜）
韓國 16 號（咖啡色奶油霜）

1　固定油紙

在大花釘上擠一點點奶油，將油紙黏在花釘上避免滑動。

1-1

2　第一層花瓣

取 352 號花嘴，花嘴與油紙呈約 25° 的角度（圖 2-1），慢慢將奶油霜擠出，再順著角度將花嘴往上拉起（圖 2-2）。以此步驟，擠出第一圈花瓣（圖 2-3）。

2-1

2-2

2-3

Tips

這種擠法，換成綠色的奶油霜，就變成葉子，可以用來裝飾在蛋糕上（圖2-4）。

2-4

影片教學

第二層花瓣

3

第二圈花瓣擠法同第一圈，但須裱在兩個花瓣之間（圖3-1），再擠出第二層花瓣（圖3-2）。

3-1

3-2

花心

4

取 16 號花嘴，以垂直方式擠出星星的樣子（圖 4-1），鋪滿整個花心。

4-1

Pitard
越南茶花 Ⓕ

難度 Level
♥ ♡ ♡ ♡

簡單的幾個動作，就能裱出栩栩如生的茶花作品。花瓣部分，和基礎玫瑰類似，因此只要學好基礎玫瑰，這款茶花很快就能上手。花心的長度要特別注意，可以有一兩根高度不齊，但切勿讓花心高過於花瓣，如此一來花朵的美感就喪失了。

影片教學

花語
The Language of Flowers
天生麗質

口訣
Mnemonic Phrases 3 5

花嘴
Piping
惠爾通 104 號（桃紅色奶油霜）
惠爾通 2 號（白色奶油霜）

1 底座

取 104 號花嘴，在花釘來回往上擠出一個底座（圖 1-1）。底座約為 104 號花嘴口高度（圖 1-2）。

2 第一層花瓣

花嘴由下到上裱出一個弧度，做出一個花瓣（圖 2-1），依此做法裱出 3 瓣，每瓣都要與前瓣重疊 1/3（圖 2-2）。

第二層花瓣

3

花嘴略微打開，在第一層其中一瓣的中間開始，裱出第一瓣，裱出的位置就是在第一層的兩瓣中間（圖3-1）。第二瓣的位置，同樣要疊在第一瓣的1/3，依此原則連續裱出5瓣（圖3-2）。

花心

4

取2號花嘴，於花心位置垂直往上拉出一根一根的花心（圖4-1），注意，花心長度勿高出花瓣。

◆裱花筆記

獻上我的心
浪漫玫瑰表眞情

夢幻玫瑰
小圓頂蛋糕

這款小圓頂蛋糕,主要是由3種玫瑰所組成,再搭配幾片葉子(做法見P.164)、花苞(做法見P.164),就能組合成這款送禮大方的蛋糕,相信收到這美麗的玫瑰花蛋糕,心花也跟著怒放了吧!

適合:情人節、生日、求婚

C 波浪玫瑰 P.58

B 田園玫瑰 P.56

A 奧斯丁玫瑰 P.54

Austin Rose
奧斯丁玫瑰 Ⓐ

難度 Level
♥ ♥ ♥ ♡ ♡

這款玫瑰有種成熟的美，在韓式裱花的教學上頗受學員歡迎，特別是在比較華麗的裱花作品上，經常可以看到她美麗的身影。裱製過程雖然有點難度，但是只要知道一些小技巧，還是能夠裱出漂亮的花朵。

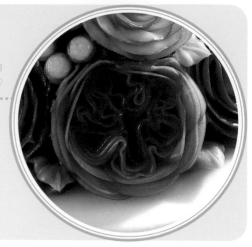

影片教學

❧花語
The Language of Flowers
守護的愛，無論是守護愛情、守護親情，或是守護友情。

❧花嘴
Piping
韓國 124K（紅色奶油霜）

1 底座

取韓國 124K 花嘴，平貼花釘，繞出 3～4 圈，做出一個底座（圖 1-1）。底座約為韓國 124K 花嘴口高度的 1/4（圖 1-2）。

2 第一層內層花瓣

花嘴的下方垂直貼在基座上，由中心往外，像是畫水滴形的方式，連續擠出一個個花瓣（圖 2-1），一共做出 5 個花瓣（圖 2-2）。

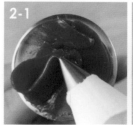

> **Tips** 擠奶油霜時花嘴要貼緊底座，奶油霜不可太軟，否則花瓣易倒，花瓣形狀些許不一樣是可以的，不需要過分擔心。

第二～三層內層花瓣

3 重疊步驟 2，分別裱出第二層和第三層，這時第二層或第三層的花瓣會擠到前面一層的花瓣也沒有關係，如此一來，整朵花會更顯自然。

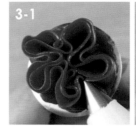

Tips 第二層、第三層可稍稍加大一點力道，讓奶油霜呈現些微的扭曲（圖 3-2），花瓣才會自然。

第一層外層花瓣

花嘴貼緊底座（圖 4-1），以基礎玫瑰手法（見 P.38），從其中一個花瓣的中間點開始，拉到下一個花瓣的中間點（圖 4-2），裱出第一層外層花瓣，以此方式逐一裱出 5 瓣的第一層外層花瓣，且外層花瓣須略高於內層花瓣（圖 4-3）。

4

第二～五層外層花瓣

5 以相同方式裱出第二層外層花瓣，外層花瓣層數以花朵的整體感覺及想要的大小而定，約 2 ～ 5 層左右，每一層外層花瓣角度須比前一層略微打開。

Pastoral Roses
田園玫瑰 Ⓑ

難度 Level
♥ ♥ ♡ ♡ ♡

這款玫瑰花的做法，和基礎玫瑰一樣，僅僅在最後兩層花瓣，以手指將花瓣捏尖。如此一來，花朵立刻擁有華麗的美感。花色可依個人喜好，只要搭配得宜，也是蛋糕上吸睛的作品。

影片教學

花語
The Language of Flowers

紅色：熱情、我愛你。
粉紅色：愛的宣言、銘記於心、初戀。
綠色：純真簡樸、青春長駐。

花嘴
Piping

韓國 124K（紅色奶油霜）

1 底座

取韓國 124K 花嘴，在花釘來回往上擠出一個底座（圖 1-1）。底座約為韓國 124K 花嘴口高度（圖 1-2）。

2 花心

右手持花嘴不動，左手轉花釘，於底座上方逆時鐘轉一圈做出一個錐形花心。

3 第一層花瓣

花嘴豎直貼緊三角錐下方，花釘逆時鐘旋轉，由下而上裱出一個弧度，做出花瓣（圖3-1），第二瓣需與第一瓣重疊1/3（圖3-2），以同樣的方式裱出2、3瓣。

4 第二～五層花瓣

依步驟3的做法，持續裱出第二～五層。每一層花瓣數量沒有限制，但是要注意每一層的角度都須比前一層打開些，且同一層的花瓣高度須相同。

5 修飾花瓣

所有的花瓣完成後，將最外的兩層，以手指將花瓣帶出一個小尖。

> **Tips**
>
> 如果基礎玫瑰裱得美，做起這朵花就完全沒有問題。和基礎玫瑰一樣，這款花朵，外層花要做成正圓才會好看，每一層花瓣要均分，再把花瓣捏尖修飾，一朵豔麗大方的田園玫瑰就出現了。

Wave Roses
波浪玫瑰 ©

難度 Level
♥ ♥ ♡ ♡ ♡

這款玫瑰最大的特點就是像波浪般的花瓣。想要製造出這樣的造型也不難，上下抖動花嘴就可以做出這樣的效果，也讓玫瑰花有了浪漫的造型。多擠幾朵擺在一起，作品感覺非常優雅。

影片教學

花語
The Language of Flowers
紅色：熱戀、美麗的愛情。
白色：純潔、天真、尊敬。
紫色：永恆的愛、浪漫真情、珍貴獨特。

花嘴
Piping
韓國 104 號
（紅色混白色奶油霜）

口訣
Mnemonic Phrases
3 5 5 6（同基礎玫瑰）

1 底座

取 104 號花嘴，在花釘來回往上擠出一個底座，底座約與 104 號花嘴口高度同高。

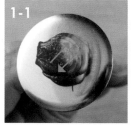

2 花心

右手持花嘴不動，左手轉花釘，於基座上方逆時鐘轉一圈做出一個錐形花心。

3 第一層花瓣

花嘴豎直貼緊三角錐下方，花釘逆時鐘轉，由下而上裱出第一瓣花瓣，第二瓣需與第一瓣重疊 1/3，以同樣的方式裱出 2、3 瓣。

Tips

第一層花瓣要高於花心。

3-1

4 第二層花瓣

裱第二層時，將花嘴角度略微打開，自第一層其中一瓣花瓣的 1/2 位置開始，須上下抖動花嘴（類似寫一個 M）的方式裱出第一瓣，依此原則裱出 5 瓣。記得，第二層的高度和第一層相同。

4-1

5 第三～四層花瓣

以同樣方式及原則，每裱下一層，花嘴就再打開一點，繼而裱出第三層共 5 瓣及第四層共 6 瓣，高度須比前一層略低一些。

5-1

Tips

波浪玫瑰的口訣與基礎玫瑰相同，差別在第二層開始的花瓣須上下抖動作出波浪效果，每一片花瓣依不同的大小，大約抖動 2～3 下，切勿太大力且密集的抖動，如此一來做出的花朵就顯得很僵硬。

僵硬的花朵  ✕

密集抖動  ✕

華麗豔群芳
富貴花開幸福滿溢

百花爭鳴
優雅半月蛋糕

華麗耀眼的牡丹，與喻意健康的康乃馨，是這款蛋糕的主角。整個蛋糕的花藝重點擺成半月形，可以感受到留白的優雅細緻感。做這款擺設的蛋糕，主花朵要大氣、華麗，才能撐得起場面。

適合：母親節、升官、祝壽、生日。

D 菊花 P.70

A 康乃馨 P.62

C 五瓣花 P.68

B 球形牡丹 P.64

Carnation
康乃馨 Ⓐ

康乃馨是母親之花，具有「母親我愛您」的意涵。母親節時何妨裱製幾朵康乃馨送給媽媽，讓她知道你對她的愛。裱製康乃馨不要擔心內層花瓣的凌亂，膽大心細的裱製下去，就能裱出一朵朵美麗的康乃馨。

影片教學

🎗花語
The Language of Flowers
紅色：祝你健康
桃紅色：熱愛著你
白色：懷念

🎗花嘴
Piping
韓國 124K（紅色奶油霜）

1 底座

取韓國 124K 花嘴，在小花釘來回往上擠出一個底座（圖 1-1）。底座約為 124K 花嘴口高度再高一點（圖1-2）。

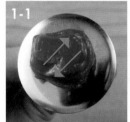

2 花心

右手持花嘴，將花嘴下方輕插入奶油霜內（圖 2-1），往外拉出並左右抖動（此時左手必須以逆時針方向轉動花釘），裱出康乃馨中間不規則的花心（約 4～5片，呈不規則狀）（圖2-2），每一片結束時，花嘴都是輕插入奶油霜裡（圖2-3）。

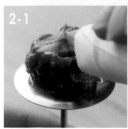

外層花瓣

每裱一層外層花瓣，花嘴就要慢慢往外打開，一邊抖動（圖3-1），每一瓣約抖2～3下後花嘴就往下拉（圖 3-2），一邊裱出外層的花瓣，每一瓣都與前一瓣相疊1/3，讓花朵整體形狀呈現圓形（圖 3-3）。

3

3-1

3-2

3-3

Tips　外層花瓣多寡視個人想要的花朵大小而定。

◆ *Erica* 教學重點

☑ **裱康乃馨外層花瓣時，花嘴角度的變化。**
愈外層，花嘴角度愈傾斜。

內層花瓣角度

外層花瓣角度

◆裱花筆記

Peony Rose
球形牡丹 Ⓑ

有「花中之王」的牡丹花，一直被視為富貴、吉祥、幸福、繁榮的象徵，因此這款花朵極適合裝飾在送給長輩的蛋糕上。以紅色系為主，或是花瓣鑲點白邊，都能讓花朵更顯優雅、大氣。

影片教學

🌿花語
The Language of Flowers
富貴、圓滿。

🌿花嘴
Piping
韓國 120 號（紅色奶油霜）

1 底座

取 120 號花嘴，在小花釘來回往上擠出一個底座（圖 1-1）。底座約為 120 號花嘴口的一半高度（圖 1-2）。

1-1

1-2

Tips　牡丹會愈裱愈高，一開始底座勿擠得太高，容易倒塌。

花心

右手持花嘴不動，左手轉花釘，於底座上方逆時鐘轉一圈（圖 2-1 ～ 2-3）做出一個錐形花心（圖 2-4）。

2

 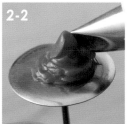  

第一層花瓣

3

花嘴貼著花心（圖 3-1）。由下往上畫出一個弧度，裱出高度高於花心的第一層第一瓣花瓣（圖 3-2）。

第二層花瓣

4

花嘴貼著第一層第一瓣 1/3 處，左手逆時鐘轉動花釘，右手由下往上畫出一個弧度，裱出第二瓣花瓣。花瓣與花瓣要相疊 1/3（圖 4-1）。花嘴的角度沒有改變，花瓣的高度都要高於花心（圖 4-2）。

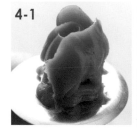 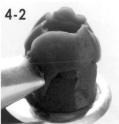

5 第三層花瓣

第三層從第一瓣到最後一瓣的花瓣，都將花嘴緊貼上一層花瓣（圖 5-1），以略微抖動的手法（圖 5-2），裱出略大於上層花瓣大小的下一層花瓣，花瓣與花瓣之間仍相疊 1/3（圖 5-3），高度都比上一層略高略開些（圖 5-4）。

   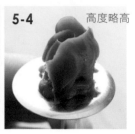

5-1　5-2　5-3　5-4　高度略高

Tips 在裱製過程中，花朵會愈裱愈大，務必隨時在底座繞一圈奶油霜，加強底座的強度。

6 完成花朵

花瓣的層數沒有嚴格規定，裱到自己想要的花朵大小即可，每一層的花瓣裱製過程中，須貼緊前一層花瓣，否則花朵會容易崩塌。

6-1

◆ *Erica* 教學重點

☑ 球形牡丹第二層起，每一瓣花瓣裱製時，花嘴角度的變化。

裱製花瓣開始角度　　裱製花瓣結束角度

球形牡丹

非常優雅的牡丹花，
是富貴的象徵，
或許裱製漂亮並不容易，
但卻很值得投資時間學好她！

Apple Flower
五瓣花 Ⓒ

難度 Level
♥ ♡ ♡ ♡ ♡

又稱為蘋果花，也是韓式裱花基礎款，難度不高，除了可以做出數朵裝飾在蛋糕上，也可以當成仙人球（見 P.94）最上頭的小花。花瓣大小要統一，整體的形狀才會好看。只要色彩搭配得宜，也是個很搶眼的作品。

影片教學

花語
The Language of Flowers
純樸、清純

花嘴
Piping
韓國 103 號（橘色奶油霜）
惠爾通 2 號（亮橘色奶油霜）

1　固定油紙

在小花釘上擠一點點奶油，將油紙黏在花釘上避免滑動。

2　第一瓣花瓣

取 103 號花嘴，花嘴口與花釘呈約 25° 的角度（圖 2-1），右手持花嘴做出一個弧形手勢，左手逆時針轉花釘，畫出一個水滴形（圖 2-2），一片花瓣即完成。

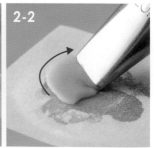

3 完成花瓣

以相同方式接著裱出其他花瓣,一瓣接著一瓣,直到 5 瓣都完成。5 瓣花瓣須大小均分,是這朵花最大的重點。

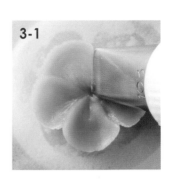
3-1

> *Tips* 些微相疊的效果會讓花朵較為立體。

4 花心

取 2 號花嘴,以垂直方式,點出 3 個花心(圖 4-1),要注意,花心若點得太開,會顯得不好看(圖 4-2)。

4-1

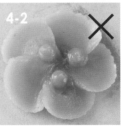
4-2 ✕

◆ 裱花筆記

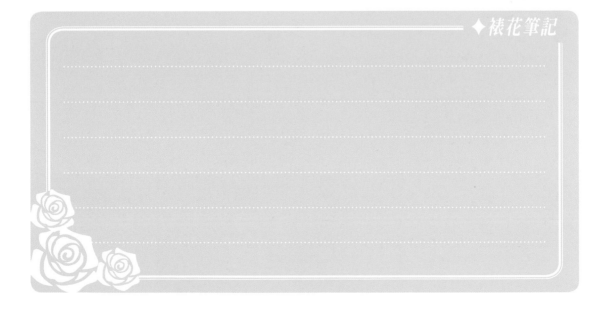

Chrysanthemum
菊花 Ⓓ

難度 Level
♥ ♡ ♡ ♡ ♡

意喻吉祥、雍榮華貴,代表清高的菊花,裱製技巧不複雜,也很容易上手。比較常犯的錯誤就在於花瓣的高度沒有統一,或者花嘴角度沒有打開。中間的第一層花瓣一定要做出相扣的樣子,否則無法呈現菊花的美感。

影片教學

花語
The Language of Flowers
吉祥、長壽

花嘴
Piping
惠爾通 12 號(黃色奶油霜)
韓國或惠爾通 81 號(黃色奶油霜)

1 底座

取 81 號花嘴,在小花釘以轉圈的方式擠出一個底座(圖 1-1)。底座高度為 81 號花嘴高度的一半(圖 1-2)。

 Tips 因菊花花瓣較多,底座要厚實。

2 花心

取 81 號花嘴,置於底座中心位置,由下往向上拉(圖 2-1、2-2),先裱出 3 根相扣的花心(圖 2-3)。

第一層花瓣

緊貼第一層花瓣（圖 3-1），由下往上裱出一個個花瓣（圖 3-2），圍成第一層。

3

第二層花瓣至結束

4

裱第二層花瓣時，花嘴角度略微張開一點，依步驟 3 的方式，在第一層兩個花瓣中間開始（圖 4-1）。每一層花瓣沒有數量的要求，但每一片高度儘量差不多，且愈到外層，花嘴的角度須略微打開，讓花朵呈現綻放效果（圖 4-2）。

Tips

花瓣的高度要差不多，以免參差不齊，花朵樣子顯得零亂不好看。（圖 A-1）；愈外層的花瓣，花嘴的角度要愈大，若保持一樣的角度，花朵無法呈現綻放效果（圖 A-2）。

擠完之後若有幾片花瓣稍長，可用手略微捏短即可。但如果稍長的花瓣太多，建議重擠，因為修飾過多，花朵會顯得很假、不自然。

花瓣高度參差不齊　花嘴角度一樣

大地「森」呼吸
滿滿秋意慶豐收

秋意濃濃
雅緻花環蛋糕

花環狀的裝飾充滿濃濃的節慶歡樂氣氛。因此只要配色得宜，是一款極適合在團體聚會裡出現的蛋糕，優雅的設計、栩栩如生的奶油霜裱花作品，非常吸睛，在聚會中一定會奪人目光、尖叫聲連連。

適合：家族聚會、節慶活動、謝禮。

F 繡球蔥 P.84
C 松果 P.78
D 含羞草 P.80
B 棉花 P.76
E 大理花 P.82
A 覆盆子 P.74

Raspberry
覆盆子 Ⓐ

難度 Level
♥ ♡ ♡ ♡ ♡

非常簡單的花型，也是很容易上手的一款。但看似簡單的覆盆子，必須控制好圓點的大小，特別是在同一層的圓點，要儘可能同樣大小，若有大有小，就不好看了。大部分都會擠好數顆大小不一的覆盆子，用來點綴在作品上。

影片教學

🎗花語
The Language of Flowers
反抗和叛逆。

🎗花嘴
Piping
惠爾通2號（紅色奶油霜）

1 底座

取 2 號花嘴，在花釘慢慢垂直往上擠出一個底座。

1-1

2 小核果

底部約留 0.2 ～ 0.3 公分高的空間，開始擠第一層圓形顆粒小核果。

2-1

0.2 ～ 0.3 公分

Tips 底部留下來的空間，目的是為了方便於裱製完成時，使用花剪剪下。

完成小核果

3

依續往上擠滿小圓點,每一
排的圓點須儘可能在前一排
的中間,依續往上擠(圖
3-1)。裱到最上方時,切勿
收口(圖3-2)。

3-1

3-2

Tips

A 每個小點都要緊密排列,
不要留空隙,愈上層的圓
點可以逐漸縮小。

B 如果全部擠滿,
即可成為莓果。

◆ *Erica* 教學重點

☑ 莓果 & 覆盆子取下方式

1 · 將花剪置於底座。

2 · 將花釘快速旋轉
一圈即可取下。

◆裱花筆記

Cotton
棉花 Ⓑ

難度 Level
♥ ♥ ♡ ♡ ♡

棉花最重要的就是擠出它的蓬鬆感，因此每一瓣要厚重些，並且用手指輕輕修飾，以顯得更為立體。看起來簡單的花朵，但稍不注意就容易做出花瓣大小差距過大的作品，還是要多加練習才能抓到美感。

影片教學

花語
The Language of Flowers
珍惜你身旁的人、珍惜眼前幸福、英雄之花。

花嘴
Piping
惠爾通 10 號（白色奶油霜）
惠爾通 349 號（咖啡色奶油霜）

1 底座
取 10 號花嘴，在小花釘上擠出兩圈中空的圓形底座。

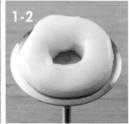

棉花花瓣

花嘴垂直往上（圖 2-1），邊擠邊拉（圖 2-2），直到成為一個大水滴狀時，花嘴往外下拉（等於是畫一個半圓形）（圖 2-3），即成為第一球棉花花瓣。

2

3 完成花瓣

以相同方式平均擠出 4 ～ 5 瓣。

Tips 真實棉花有 **4** 球花瓣也有 **5** 球花瓣，但擠 **5** 球花瓣會比較好看。

4 修飾

可用手稍微修飾一下，讓棉花更顯立體。

5 花萼

取 349 號花嘴，在花瓣與花瓣間，由下往上（圖 5-1）拉出咖啡色花萼線條，線條拉到頂端時（圖 5-2），擠奶油霜的力道收掉，線條就會呈現細尖形（圖 5-3），完美的花萼就完成（圖 5-4）。

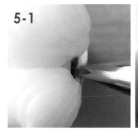 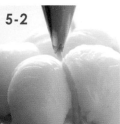  

Tips

注意花嘴的角度。先是與花釘平貼（圖 **5-5**）再逐漸往上，直至與花釘垂直（圖 **5-6**）。

Pine Cone
松果 ⓒ

難度 Level
♥ ♡ ♡ ♡ ♡

裱花的世界，並不是只有花朵。一如紅花需要
綠葉的陪襯般，松果是點綴作品的靈魂之一。
利用簡單的技巧，重疊的做出一片片果鱗，下
方的果鱗較大，愈往上果鱗就愈小，如此一來
立刻將松果的形狀完全複製出來。

影片教學

🌿花語
The Language of Flowers
愛

🌿花嘴
Piping

惠爾通 10 號（咖啡與白色相混奶油霜）
韓國 103 號（咖啡與白色相混奶油霜）

1 底座

取 10 號花嘴，垂直擠出一個下寬上
窄的柱狀底座（圖 1-1）。柱狀底座
高度同花嘴一樣高（圖 1-2）。

2 果鱗片

取 103 號花嘴。花嘴口貼著柱狀（圖 2-1），
由左至右擠出半個愛心的形狀。

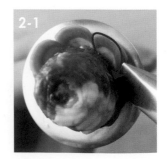

78

3 完成果鱗

依步驟 2 的方式,花嘴由下往上一圈一圈擠出半個愛心的形狀,第二層須裱在第一層兩個果鱗的中間(圖 3-1),重複此方式,直到最頂端(圖 3-2)。

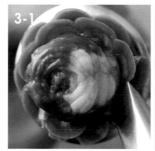

Tips

一圈一圈往上時,花嘴貼著柱狀的角度會愈來愈小,同時果鱗也愈來愈小片。

◆ *Erica* 教學重點

☑ **調色要領**

想要調出白色與咖啡色相混的松果自然色調,可取一些原色的奶油霜和咖啡色奶油霜攪拌在一起,但不攪拌均勻。詳細奶油霜混色效果方式,請見 P.155「Erica 教學重點」之「奶油霜／豆沙霜擠出混色效果的祕訣」

◆*裱花筆記*

Bashfulgrass
含羞草 Ⓓ

難度 Level
♥ ♥ ♥ ♥ ♡

裱製的過程有些難度，尤其是葉瓣大小的拿捏及左右對襯位置，是許多同學的罩門。Erica 老師特別提到，除了多練之外，別無它法。但技巧還不熟悉時，可以一瓣一瓣的裱製，等到熟練後，就可以連續不斷的一口氣裱出。

影片教學

❦花語
The Language of Flowers
害羞，敏感，禮貌。

❦花嘴
Piping
韓國 102 號（綠色奶油霜）

1 固定油紙

在小花釘上擠一點點奶油，將油紙黏在花釘上避免滑動。

葉瓣

取 102 號花嘴，自油紙左邊開始，花嘴先貼緊油紙（圖 2-1），由下往上，花嘴口逐漸往上提一點角度，到頂端時（圖 2-2），急轉下來，畫出第一個弧形葉瓣（圖 2-3），也是整個含羞草葉最大的弧形。

2

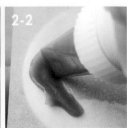

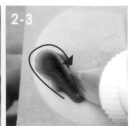

完成葉瓣

3 依同樣方式，左邊連續裱出 2 ～ 4 葉瓣，弧形逐漸縮小（圖 3-1）。第 5 瓣須在正中間位置（圖 3-2），其弧形同第一瓣大小。

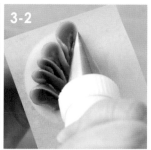

Tips 裱製動作要順暢，千萬不要遲疑。

4 再以相同方式裱出右邊的葉瓣共 4 瓣（圖 4-1），弧形則是逐漸變大（圖 4-2）。

Tips 將裱好的葉子放進冰箱冰硬，即可取下使用。

◆ Erica 教學重點

☑ 裱含羞草時，花嘴角度的變化。

花嘴 10 點鐘方向　　花嘴 12 點鐘方向　　花嘴 2 點鐘方向

Dahlia
大理花（天竺牡丹）Ⓔ

難度 Level
♥ ♥ ♥ ♥ ♡

又名「天竺牡丹」的大理花，看起來不難，但操作起來有其難度。特別是花瓣大小的控制，及每一層的寬度，都是製作大理花時的祕訣。小而統一的花瓣，加上前四層一樣寬度後，才逐步遞減，如此一來，整個花形就會呈現完美的球形。

影片教學

花語
The Language of Flowers
華麗、優雅、威嚴、感謝。

花嘴
Piping
韓國 102 號（白色奶油霜）
惠爾通 1 號（黃色奶油霜）

1 底座

取 102 號花嘴，在花釘上擠出與花釘差不多大的兩層圓形中空底座（圖 1-1），再擠出與兩層相同高度的奶油霜，填滿中空的位置（圖 1-2）。

> **Tips** 底座大小會影響花朵整體的大小。

2 第一層花瓣

與五瓣花（見 P.68）相同手法，裱出一個水滴形（圖 2-1），花瓣儘量小，但弧度要一致，數量不拘，裱完第一層。

3 第二～四層花瓣

接著裱出第二層至第四層，其花瓣位置落在前一層兩瓣之間（圖 3-1），如此才有層次感。花圈大小同第一層。做完每一層花圈後，將中間的空洞補滿（圖 3-2），以免花瓣中心凹陷。

4 第五層花瓣～結束

第五層花瓣開始，花瓣要慢慢往內縮短約 0.2 公分（圖 4-1），每往上一層，花瓣就要再縮短一點點，一直裱到想要的大小（圖 4-2）。

5 花心

取 1 號花嘴，點出中心一點，外圍 6 點的花心。

◆ Erica 教學重點

☑ 花瓣大小很重要

此款花朵裱花瓣時要小片且規律，前 4 層一樣寬，第五層開始慢慢往內縮，整體要像個球狀才最好看。花瓣切勿忽長忽短，忽大忽小，會顯得花型凌亂。

花瓣規律　　　　花瓣凌亂

Giant Onion
繡球蔥 Ⓕ

難度 Level
♥ ♡ ♡ ♡

這是一般人比較少見的花，有白色、紅色、紫色等顏色。是一款非常容易入門的裱花花形，有趣的是可以隨心所欲地排列小花，完全不需要受到約束。

影片教學

花語
The Language of Flowers
聰明可愛

花嘴
Piping
惠爾通 10 號（橘色奶油霜）
惠爾通 224 號（橘色奶油霜）

1　底座

取 10 號花嘴，在花釘中心往上擠出一個比花嘴高度略低的半球狀底座，底座大小可隨著希望的大小做調整。

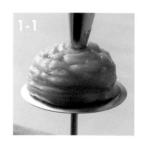

2　花瓣

取 224 號花嘴，由最底層開始，以擠（圖 2-1）、放開（圖 2-2）這樣的手法，擠出一朵朵小花，擠滿整個底座。

Tips

小花的排列不需要很整齊，看起來才有美感。

靜心 · 裱花

裱花，要有耐心，
我最愛在寂靜的夜晚，
沉浸在屬於自己的裱花世界！

Part 3

韓式裱花

多肉
盆栽

多肉植物篇

超療癒的多肉盆栽，是最近火紅
的裱花課程。
想知道各式各樣的多肉植物是怎
麼裱出來的嗎？
跟著 Erica 老師的 Step by Step，
你也可以裱出既可愛又可以吃的
多肉小盆栽！

在沙漠種出綠世界
療癒系多肉植物

可愛吸睛
多肉盆栽蛋糕

多肉植物擁有讓生命延續下去的意喻，因此送上萌度爆表多肉植物做成的甜點，放在可食用的杯子蛋糕裡，如同你的滿滿祝福般，充滿愛的心意，相信收禮人一定也能完全感受到。

適合：鼓勵朋友、為友誼加分、開幕誌慶、搬新家。

C 仙人球 1 P.94

E 錢串 P.98

F 山地玫瑰 P.100

D 仙人球 2 P.96

A 千佛手 P.90

B 銀冠玉 P.92

Super Burro's Tail
千佛手 Ⓐ

難度 Level
♥ ♥ ♡ ♡ ♡

肥肥短短的千佛手非常可愛，因此裱製的重點是接觸底座的底部要肥厚，同時儘可能每一根裱在前一層兩根的中間。另外也請記住，愈上面花嘴的角度就要有所變化，同時裱出來的長度也要愈短一些。

影片教學

🌿 花語
The Language of Flowers
積極的、有善意的。

🌿 花嘴
Piping
惠爾通12號（綠色奶油霜）
惠爾通2號（綠色奶油霜）

1 固定油紙
在花釘上擠一點點奶油，將油紙黏在花釘上避免滑動。

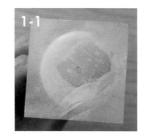
1-1

2 底座
取12號花嘴，在花釘中心往上擠出一個底座（圖2-1）。底座的高度約為12號花嘴的3/4（圖2-2）。如果想做大朵一點，底座就得要加大。

2-1

2-2

3 第一層葉片

取 2 號花嘴，觸碰底座，以 45 角逐漸擠出一根根三角椎的葉片。

3-1

> **Tips** 三角椎的底部要有肥厚感，不要細長。

4 葉片逐漸往上

依步驟 3 的做法，一層一層往上擠，每往上一層，葉片須裱在前一排兩片葉片的中間（圖4-1），依此原則裱完一層又一層（圖 4-2）。

4-1

4-2

5 完成葉片

將葉片擠滿整個底座。愈往頂端，葉片長度愈短，花嘴的角度也會由 45° 角逐漸變大。

5-1

> **Tips** 裱完後，將油紙自花釘取下，置於冰箱冰硬後，即可取下裝飾。

◆ Erica 教學重點

☑ 裱千佛手時，角度要呈現 45°（圖A-1），不要平貼花釘（圖 A-2）。

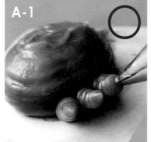
A-1 ◯

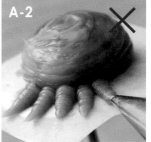
A-2 ✕

Fricii

銀冠玉 Ⓑ

超可愛的多肉植物，造型簡單又好看，裱製方法也不難。只要注意幾個小細節，很容易就可以完成這個造型。注意每顆圓球都要緊密的連接在一起，同時圓球要愈上端愈小顆，才能打造出圓球的整體感。另外，在裱白色小刺時，得需要多一點耐心。

影片教學

花語
The Language of Flowers
孤獨的堅強

花嘴
Piping
惠爾通 12 號（綠色奶油霜）
惠爾通 2 號（綠色奶油霜）
惠爾通 1 號（白色奶油霜）

1　固定油紙

在花釘上擠一點點奶油，將油紙黏在花釘上避免滑動。

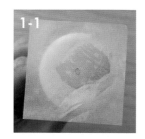

1-1

2　底座

取 12 號花嘴，在花釘中心往上擠出一個底座（圖 2-1）。底座的高度約為花嘴的 3/4（圖 2-2）。如果想做大朵一點，底座就得要加大。

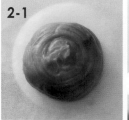

2-1

2-2

3 第一層圓葉片

取 2 號花嘴,觸碰底座,以平行花釘的角度逐漸擠出第一層的一顆顆圓葉片。

4 圓葉片往上

依步驟 3 做法,一層一層往上擠(圖 4-1),每一顆圓球須裱在前一排兩顆的中間(圖 4-2)。

5 完成圓葉片

愈往頂端,圓球逐漸縮小(圖 5-1),花嘴的角度也會由平行角逐漸變大。圓葉片擠滿整個底座(圖 5-2)。

6 葉片尖刺

取 1 號花嘴,於每一個圓葉片中心拔出兩根白色小刺(圖 6-1),兩根小刺要呈 V 字形,間距不要分開像吸血鬼的牙齒(圖 6-2),如果擠成這樣,當全部擠完後,就會發現很好笑了。

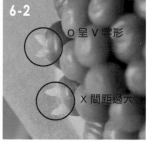

O 呈 V 字形

X 間距過大

Echinopsis Tubiflora
仙人球 1 ⓒ

難度 Level
♥ ♥ ♡ ♡ ♡

強硬的外表下，裱上一朵小花，立刻使仙人球柔軟了起來。葉瓣間不留空隙、上頭的小刺大小及間距適宜，這個作品就完成 80%，再搭配一朵可愛的五瓣花（蘋果花），剛毅中帶點暖度。

影片教學

花語
The Language of Flowers
堅強、將愛情進行到底。

花嘴
Piping
惠爾通 12 號（綠色奶油霜）
韓國或惠爾通 352 號（綠色奶油霜）
惠爾通 1 號（白色奶油霜）

1　固定油紙
在小花釘上擠一點點奶油，將油紙黏在花釘上避免滑動。

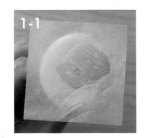

2　底座
取 12 號花嘴，在花釘中心往上擠出一個略高於花嘴的柱狀底座。如果想做大朵一點，底座就得要加大。

葉子

3

取 352 號花嘴平貼於柱狀底座上,垂直拉出葉子線條,貼著底座延伸到柱狀頂端。每一片葉子線條都要緊貼在一起(圖 3-1)。葉子與葉子之間不要有縫隙(圖 3-2)。

3-1

3-2

Tips 拉成彎狀也可以。

葉上尖刺

4

取 1 號花嘴,於每一片葉子上拔出小刺。小刺不要點太密,也不要點太粗。

4-1

4-2 太粗

正常

太密

擺上花朵

5

最後放上從冰箱取出冰硬的紅色五瓣花(做法見 P.68),就完成仙人球。

5-1

Echinopsis Tubiflora
仙人球 2 Ⓓ

難度 Level
♥ ♡ ♡ ♡ ♡

仙人球的長相多樣，這款非常討喜。下粗上細
的星形葉片，是整朵造型中最具挑戰性的步驟，
下層較大，愈往上層葉片要愈小；再者葉片的
長短要適宜，太長就失去韻味，也沒有圓形的
美感。

影片教學

花語
The Language of Flowers
堅強、將愛情進行到底。

花嘴
Piping
惠爾通 12 號（綠色奶油霜）
惠爾通 18 號（綠色奶油霜）

1　固定油紙

在小花釘上擠一點點奶油，將油紙黏在花釘上避免滑動。

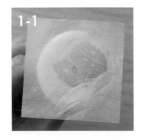

2　底座

取 12 號花嘴，在花釘中心往上擠出
一個底座。底座的高度約為花嘴的
3/4。

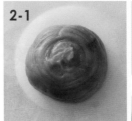

3　第一層星狀葉子

取 18 號花嘴,於底座最下層擠出一圈下粗上細,呈 45° 的星星狀葉子。

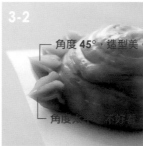

Tips 葉子不要拉的太長。

4　第二層星狀葉子

第二層以上,以相同方式,擠滿整個底座,需裱在前一層兩個葉子的中間。

5　完成

擠滿整個底座。愈往頂端,葉子長度愈短。

Tips 裱完後,將油紙自花釘取下,置於冰箱冰硬後,即可取下裝飾。

Crassula
錢串（星王子）Ⓔ

又稱為星王子、乙女星的錢串，是很受歡迎的小型多肉植物。裱製方法也很簡單，只要能裱出厚實的圓底三角形的葉片，就成功一半。錢串單片葉子的擠法，就是蛋糕裝飾上常見的葉片擠法。

影片教學

花語
The Language of Flowers
吉祥、招好運。

花嘴
Piping
韓國或惠爾通 352 號
（綠色奶油霜）

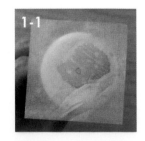

1-1

1 固定油紙
在花釘上擠一點點奶油，將油紙黏在花釘上避免滑動。

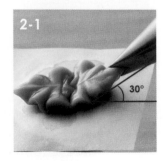

2-1

2 第一層葉子
取 352 花嘴，以 30° 角，慢慢往上擠出底部較寬的三角形、兩兩相對的葉子。裱這葉子最重要就是要注意花嘴的角度。

3

第二層葉子

將花釘轉個方向，讓第一層原本左右相對的葉子，轉成直的上下相對，再以步驟 2 的方式，於第一層兩片葉子上方，裱出第 2 層的 2 片葉子。

4

完成全部葉子

以步驟 2 做法，繼續裱出 6 ～ 7 層的葉子，長度都差不多，一直到最後兩層，葉子慢慢縮小，才會可愛。

Tips 此款建議裱到 6 ～ 7 層左右就好，裱得太高容易倒塌。

◆裱花筆記

Greenovia
山地玫瑰 Ⓕ

同樣是 104 號花嘴（韓式花嘴比惠爾通花嘴裱出來的奶油霜更薄），只要將花嘴反過來使用，就能產生不一樣的花瓣效果。山地玫瑰和基礎玫瑰（見 P.38）就是一個最好的例子，學好基礎玫瑰的裱製方法，你也可以輕鬆做好山地玫瑰。

影片教學

🌿花語
The Language of Flowers
持久的愛和美。

🌿花嘴
Piping
惠爾通 104 號
（綠色咖啡色混搭奶油霜）

🌿口訣
Mnemonic Phrases　355 或 356

1　底座

取 104 號花嘴，在小花釘來回往上擠出一個底座，底座比花嘴高度高一點。

1-1

2　花心

這款多肉植物與一般的花型不同，花嘴拿法為上粗下細。取 104 花嘴，右手持花嘴不動，左手轉花釘，於底座上方逆時鐘轉一圈裱出一個圓柱狀花心。

2-1

3 第一層花瓣

花嘴豎直貼緊錐形下方（圖 3-1），花釘逆時鐘轉，由下而上裱出略高於花心的第一瓣花瓣（圖 3-2），第二瓣需與第一瓣重疊 1/3（圖 3-3），以同樣的方式裱出 2、3 瓣，做出第一層（圖 3-4）。

  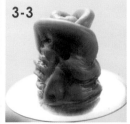 

4 第二層花瓣

裱第二層時，花嘴角度略微打開，自第一層其中一瓣花瓣的 1/2 位置開始，裱出第一瓣，以這樣的方式，做出 5 瓣。記得，裱的高度和第一層相同。

Tips

若是想做成迷你山地玫瑰，就只要做到第二層即可。

5 第三層花瓣

裱第三層時，花嘴角度再打開一點，花瓣高度比前一層低一點點，裱製的方式同步驟 4，逐一裱出每一片花瓣，約 5～6 瓣。同層的花瓣高度需相同。

◆ *Erica* 教學重點

☑ **調色要領**

此款多肉顏色可將綠色奶油霜，加入些許的黑色或咖啡色色膏，調出自己想要的綠色後，再和原來的綠色奶油霜攪拌一起，但不拌勻。詳細奶油霜混色效果方式，請見 P.155「Erica 教學重點」之「奶油霜／豆沙霜擠出混色效果的祕訣」。

Part 4

韓式裱花

豆沙霜
作品

以健康取向為出發點，
豆沙韓式裱花在一群人的努力下，
也裱出自己的一片天！
其獨特的質感，
讓花朵有了不同的風情！
Erica 老師的豆沙霜作品，
非常具有生命力！
請你和我們一起，
細細品味這豆沙霜裱花的獨特韻味！

枯樹也有春天
絕地逢春創造新生命

綻放生命光彩
樹椿蛋糕

這款以牡丹、洋桔梗、繡球花、結合而成蛋糕，搭配豆沙仿真樹皮的外表，一整個光彩耀眼。全部採用食用級蔬果粉調色的豆沙霜，裱出栩栩如生的花朵，真令人讚歎！

適合：長輩生日、重要客戶升遷。

A 牡丹 P.106

B 洋桔梗 P.110

Peony
牡丹 Ⓐ

難度 Level
♥ ♥ ♥ ♥ ♥

花中之王的牡丹裱製過程並不複雜，但因為要表現出牡丹花瓣的特色，得將豆沙霜調得乾一些，所以裱製過程較為費力，但效果卻出奇的好。加上花瓣漸層或雙色的搭配，在裱花蛋糕上教人驚呼連連。

影片教學

🎕花語
The Language of Flowers
富貴、吉祥、幸福、繁榮。

🎕花嘴
Piping
韓國 120 號（棗紅色豆沙霜）
惠爾通 233 號（黃色豆沙霜）

底座

1 取 120 號花嘴，在小花釘來回往上擠，再於下方捲兩圈，做出一個幾乎與花釘同大的扎實底座。底座完成後，用指腹略微壓緊（圖 1-1）。底座約為整個 120 號花嘴的 2/3 高度。（圖 1-2）。

花心

2 取 233 號花嘴垂直於底座上（圖 2-1），由下而上擠出一叢花心（圖 2-2）。

3 擠滿花心

依步驟 2 的做法，在底座擠滿花心。花心要擠得多且茂密才會好看。

花瓣

取 120 號花嘴，緊貼花心，角度略微傾向花心（圖 4-1），由下而上裱出一個高於花心且向內包覆的半圓弧花瓣（圖 4-2）。依此步驟，完成第一層花瓣。

4

第二～三層花瓣

5 第二層花瓣以步驟 4 做法，於前一層兩瓣之間裱出花瓣，需高於前一層花瓣（圖 5-1）。第三層花瓣做法同第二層，高度略高於第二層（圖 5-2）。

6 第四層花瓣

第四層花瓣做法同第三層,但花嘴角度略開(圖6-1)、高度也略微下降(圖6-2),基本上同第二層高度。

花瓣高度略降

7 第五～六層花瓣

依同樣方式裱出高度比第四層低的第五層(圖7-1)、比第五層低的第六層花瓣(圖7-2)。

◆ *Erica* 教學重點

☑ **裱出美麗牡丹花花瓣的祕訣**

真實牡丹的花瓣呈破碎不規則狀,如要做出相似形狀的花瓣,只有豆沙霜能做出這樣的效果。此時豆沙須調硬一些,不要加太多水,但相對的裱製時也會較費力。
同樣的裱製方式,也適用於 P.114「球形芍藥」。

☑ **裱製牡丹花時,花嘴角度的變化。**

第一～第三層   第四層   第五層   第六層

牡 丹

用豆沙霜裱製牡丹花，
最能呈現牡丹的質感，
一整個古典、高雅，
教人戀上她的美……。

Eustoma
洋桔梗 Ⓑ

難度 Level
♥ ♥ ♥ ♡ ♡

只要變化花瓣的擠法，就能改變花型，這是裱
花世界迷人之處。洋桔梗顏色多樣，可單色、
可漸層；可以用含苞表現，也能以綻放之姿吸
引人目光。只要多加練習，擠出十多種造型、
顏色各異的洋桔梗，也不是難事。

影片教學

花語
The Language of Flowers
誠實、不變的愛。

花嘴
Piping
韓國 119 號（白色豆沙霜）
惠爾通 7 號（黃色豆沙霜）

1 底座

取 119 號花嘴，在花釘來回往上擠，
做出一個厚實的底座。底座比 119 號
花嘴口高度再高一點。

2 第一層花瓣

取 119 號花嘴，插入底座，左
手逆時針轉花釘，右手同時慢
慢上下抖動，裱出半圓形的花
瓣（圖 2-1）。依此方法，擠
出 2 ～ 3 瓣半圓形的花瓣，圍
成第一層（圖 2-2）。

3 第二層花瓣

將花嘴略微打開，上下抖動時間拉長一些，讓花瓣變長，裱出 3 瓣，形成第二層（圖 3-1）。將花嘴逐漸打開，依照想要的花朵大小向外增加花瓣（圖 3-2）。

花心

用夾子夾取抹茶粉（圖 4-1）撒在中心凹處（圖 4-2）。取 7 號花嘴，垂直於花心處，由下而上擠出三條花心（圖 4-3）。

4

✦ *Erica* 教學重點

☑ 裱製洋桔梗時，花嘴角度的變化。

第一層花瓣　　　第二層花瓣　　　最外層花瓣

最美的篇章
一起享受世界的美好

驚豔時光
唯美蛋糕

由雍容高貴的芍藥、清新的羊耳葉、純淨的海芋所組成的裱花蛋糕，是款讓人見識到裱花功力的蛋糕。想要裱出芍藥的獨特感，得花不少心思；而要捕捉到海芋的神韻，也是不易。能收到這款蛋糕，一定會有至高無上的喜悅！

適合：同學會、祝壽、慶功宴

A 球形芍藥 P.114   C 海芋 P.120

B 羊耳葉 P.118

Paeonia Lactiflora
球形芍藥 Ⓐ

難度 Level
♥ ♥ ♥ ♥ ♥

想要裱出芍藥大氣華麗的模樣，豆沙要比裱一般花型略乾一點，所以在裱製的過程，需要用較大的力氣。但是看到成功作品之後，會發現這吃力的裱製過程是值得的。而不規則內心花瓣則是打造完美芍藥的要點之一。

影片教學

花語
The Language of Flowers
依依惜別、情有獨鍾、難捨難分。

花嘴
Piping
韓國 120 號（墨綠色豆沙霜）

1 底座

取 120 號花嘴，在小花釘來回往上擠，再於下方捲兩圈，做出一個幾乎與花釘同大的扎實底座。底座約為 120 號整個花嘴高度的 1/2。

> **Tips** 底座完成後，用指腹略微壓緊。

花心

2 花嘴下方尖角立在底座上（圖 2-1），以寫 n 字型手法擠出一個個花心花瓣（圖 2-2）。每一瓣的角度不要重疊，最好有各種不同的方向（圖 2-3）。

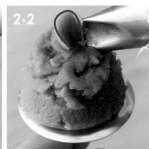

第一層花瓣

3 花嘴貼住最外層的花心（圖 3-1），由上至下擠出半圓形（圖 3-2），裱出外層花瓣（圖 3-3），花瓣需高於花心，且向內包覆。第一層外層花瓣約 5～6 片（圖 3-4）。

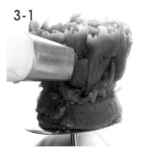

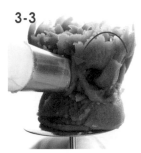
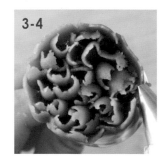

第二層花瓣

4 第二層花瓣以步驟 3 做法，於前一層兩瓣之間裱出花瓣（圖 4-1），須高於前一層花瓣（圖 4-2）。

5-1

5 第三層花瓣

第三層花瓣做法同第二層，但花嘴角度略微打開，裱製高度略微下降，基本上同第一層高度。

Tips 若想要更大朵的效果，只需依相同方式，花嘴角度慢慢打開，往外增加花瓣圈數即可。

◆ *Erica* 教學重點

☑ 裱出美麗球形芍藥花瓣的祕訣

真實球形芍藥的花瓣呈破碎不規則狀，如要做出相似形狀的花瓣，只有豆沙霜能做出這樣的效果。此時豆沙須調硬一些，不要加太多水，但相對的裱製時也會較費力。花瓣的裱製方式，也適用於 P.106「牡丹」。

☑ 裱製球形芍藥時，花嘴角度的變化。

角度在 11 點鐘方向　　角度在 1 點鐘方向

☑ 增加底座強度的做法

當在裱製過程中，可以不時的在底座繞一圈，一方面補強底座，一方面可以增加花瓣穩定度。

◆裱花筆記

Stachys Byzantina
羊耳葉 Ⓑ

難度 Level
♥ ♥ ♥ ♡ ♡

葉子在韓式裱花蛋糕上雖然是配角，但缺少了
它，又失去整體感，因此學會裱製各式葉子也
很重要。羊耳葉裱製過程稍有難度，葉尖轉折
處不好拿捏，需要多加練習才能做出充滿立體
感的羊耳葉。

影片教學

花語
The Language of Flowers
害羞

花嘴
Piping
韓國 125K（墨綠色豆沙霜）

1
固定油紙
在花釘上擠一點點豆沙，將油紙黏在花釘上避免滑動。

1-1

2
取 125K 花嘴，B 點平貼於油紙上（圖 2-1），從左下往上走，B 點一直走中心
線（圖 2-2），A 點邊往上走慢慢變成直線（走到頂端須與中心線垂直）（圖
2-3）。

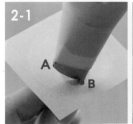
2-1

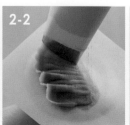
2-2

2-3

3

此時花嘴往前輕壓（A點與花釘貼平）輕擠一下，會跑出一點豆沙形成葉尖（圖 3-1）。B點不動，A點邊擠邊往上抬45度，B點往下直走約整體葉子的1/2（圖 3-2），花嘴向外（往右）打開，順勢下拉到與左邊對襯的位子（圖3-3）。

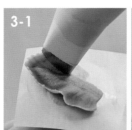

Tips

褙好的羊耳葉，可以放在烤箱中以 70℃烘烤約1小時直至乾硬定型，即可 自油紙取下，置於密封盒中保存。

◆ *Erica* 教學重點

☑ 葉子定型的方法

想要讓葉片有彎曲角度，建議可將褙好的葉片放在圓桿（例如保鮮膜桿）中，置於烤箱烘烤。 因為是低溫烘烤，所以不用擔心紙製的圓桿會燒焦。

◆ 裱花筆記

Calla Lily
海芋 ⓒ

難度 Level
♥ ♥ ♥ ♥ ♡

豆沙霜可調整軟硬度，因此在裱製的過程可塑性高，可以做出需要延伸線條的花朵。海芋的難度就在花朵的線條上。多看幾次影片，多抓幾次角度，你也可以做出栩栩如生的海芋。

影片教學

🌸花語
The Language of Flowers
純潔、幸福、清秀、純淨的愛、真誠。

🌸花嘴
Piping
韓國 125K（白色豆沙霜）
惠爾通 8 號（黃色豆沙霜）

1 底座

取韓國 125K 花嘴，在花釘上擠出 3 片底座（第一層為 1/3 相疊的兩片，第二層在第一層上方中間位置）。

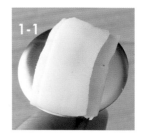
1-1

2 花瓣 1

將花嘴尖端放在 12 點鐘方向（圖 2-1），花釘逆時鐘旋轉，右手將豆沙擠出一個半圓弧形（圖 2-2、2-3）。

2-1

2-2

2-3

花瓣 2

3 再沿著底座一路擠下（圖 3-1），到底座最下方時，將花嘴急速轉彎，豆沙就會呈現一個尖角的樣子（圖 3-2）。

花瓣 3

4 順勢往下拉（此時花釘不動）（圖 4-1），一直到豆沙霜接觸到步驟 2 的圓弧時（圖 4-2），才開始轉動花釘，讓豆沙繞過圓弧即完成花瓣（圖 4-3）。

整理花瓣

5 用手捏出花尖並整理花瓣（圖 5-1）。花心取 8 號花嘴，於步驟 2 下花嘴的位置擠出一條由粗到細的花心（圖 5-2）。

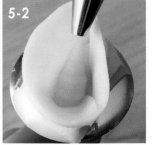

◆ *Erica* 教學重點

☑ **裱製海芋時，花嘴角度的變化。**
請注意花嘴角度的變化，才容易抓到裱製的竅門。

甜蜜幸福、愛情長久
串起永恆的相知

幸福快樂
裱花蛋糕

這款以豆沙霜做成的裱花作品，雅緻的色澤與美麗的裱製花朵，讓人愛不釋手。花朵的顏色可以依據自己的喜好而做修改，是一款送給新婚或入新厝的好禮物。

適合：結婚紀念日、新婚祝福、搬家、拜訪友人。

C 寒丁子 P.130

A 杜鵑花 P.124

B 百日草 P.128

Azalea
杜鵑花 Ⓐ

這朵花在裱製過程中，學到的不僅是裱花的技巧，還有調製豆沙霜漸層色、花蕊的製作等方法，雖然花瓣的裱製並不容易，但是過程非常有趣。學會漸層色後，讓韓式裱花作品更有不一樣的色彩。

影片教學

🎋花語
The Language of Flowers
愛的喜悅、奔放、忠誠。

🎋花嘴
Piping
韓國 125K
（白色及淡藍色豆沙霜）

1　百合花釘

先在百合花釘上包覆油紙（包覆方式見 P.16〈韓式裱花 Q&A 19〉之「Q8 百合花釘怎麼用？」）。

2　花托

取韓國 125K 花嘴，在百合花釘內壁順時針擠出一圈豆沙霜（圖 2-1 ～ 2-3），做成花托（圖 2-4）。

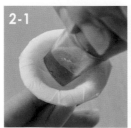

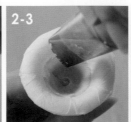

花瓣

將花嘴豎直（圖 3-1）往上拉出花瓣（圖 3-2），到頂端時花嘴轉個圓弧讓花瓣超出百合花釘（圖 3-3），再自然順著往下（圖 3-4），花嘴再轉成豎直狀拉回原點（圖 3-5）。依此做法，裱出 5 個花瓣，請注意花嘴角度的變化。

3

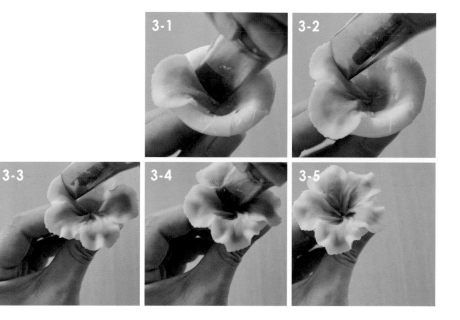

4 **花蕊**

依序插入事先做好的花蕊即可。（見 P.129「Erica 教學重點」之「花蕊製作方式」）。

Tips

將裱好的杜鵑花放入烤箱以 70℃ 烤乾定型，即可取下使用。

◆ *Erica* 教學重點

☑ 豆沙霜／奶油霜擠出漸層雙色（以藍色：白色 =1：2 為例）祕訣

1 藍色豆沙霜
將藍色豆沙霜放進已裝入裱花嘴的裱花袋中（圖 1-1）。以刮板將藍色豆沙霜刮成長條，置於裱花袋最左邊（圖 1-2）。

2 白色豆沙霜
將白色豆沙霜放入裱花袋中（圖 2-1），並將白色豆沙霜置於藍色豆沙霜的旁邊（圖 2-2）。

3 混色
將藍色及白色豆沙霜交界處用手搓揉一下，略微混合（圖 3-1），就有漸層的雙色可開始裱製花朵。

Tips

1・交界處略微混合，能讓顏色有漸層的效果。如果不想有漸層效果，而是要區分明顯（見 P.135「Erica 教學重點」之「豆沙霜／奶油霜擠出雙色」），就不要在交界處混合。

2・另外，雙色擺放的位置要配合花嘴的使用。雙色的位置與花嘴搭配正確，才能裱出自己想要的花瓣顏色。以「杜鵑花」為例，白色豆沙在上方，藍色豆沙在下方。

3・這樣的方式，也可以運用在奶油霜上。

☑ **花蕊製作方式**

1 準備材料
取市售的細米粉 1 根。剪成長度大致相同的 6 小根（圖 A-1）。

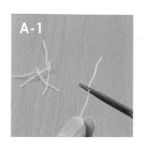

2 製作花蕊的花柱
小根米粉沾點豆沙霜（圖 B-1）做成柱頭。

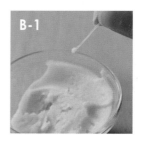

3 沾上色粉
分別沾上色粉，花蕊製作完成。

◆ 裱花筆記

Common Zinnia
百日草（百日菊）Ⓑ

難度 Level
♥ ♥ ♡ ♡

百日草有單瓣及重瓣之分，顏色也很多元。做成重瓣要記得每上一層，花瓣都要比前一層略短。花瓣花心除了同色系之外，還可以做不同色彩的變化，如此一來百日草的變化就無敵多了。

影片教學

花語
The Language of Flowers

步步高升、恆久不變、持續的愛、幸福。

花嘴
Piping

惠爾通 104 號（紅色豆沙霜）
惠爾通 14 號（淡粉紅色豆沙霜）
惠爾通 2 號（淡粉紅色豆沙霜）

1　底座

取 104 號花嘴，在花釘來回往上擠，再於下方捲兩圈，成為一個扎實的底座（圖 1-1），底座完成後，用指腹略微壓緊。底座約為整個 104 號花嘴。

2　花瓣

花嘴立起（圖 2-1），由下往上畫出一個類似 n 形的弧線（圖 2-2），裱出花瓣（圖 2-3）。

3 第一層花瓣

依步驟 2 的做法,做出第一層花瓣。

4 第二層花瓣

依步驟 2 的做法,於第一層兩瓣之間裱出花瓣略短的第二層。

> *Tips* 若是想做得更有層次一點,也可以依步驟 3 的做法,裱出略短於第二層的第三層花瓣。

5 管狀花序

取 14 號花嘴,垂直於花瓣底部,由下往上拉(圖 5-1),擠出星星狀的管狀花序(圖 5-2),圍滿一圈即可。

6 花心

取 2 號花嘴,垂直於花心位置(圖 6-1),擠出圓點狀,做滿整個花心位置(圖 6-2)。

Scarlet Bouvardia
寒丁子 Ⓒ

難度 Level
♥ ♥ ♡ ♡ ♡

寒丁子花朵很小，但數大就是美。尤其擺放在體積較大的花朵旁，反而很吸睛。裱製技巧並不難，花瓣圍成四方形很容易就成功，只要再將花瓣略微修飾，就是一朵朵完美的寒丁子了。

影片教學

❀花語
The Language of Flowers
害羞

❀花嘴
Piping
韓國 102 號（白色豆沙霜）

1 底座

取 102 號花嘴，在花釘上來回往上擠，做出一個小底座（圖 1-1）。底座為 102 號花嘴口高度的一半（圖 1-2）。

2 花瓣

花嘴由下往上慢慢拉起，一開始的豆沙要厚一些，愈往上拉力道慢慢放輕（圖 2-1、圖 2-2）。依此步驟裱出 4 個花瓣（圖 2-3），再用手指輕捏出花尖（圖 2-4）。

百日草

幾朵百日草，
只要顏色搶眼，
一樣能成為蛋糕上的主角！

慢活小清新
莫負最好的春光

搖擺花裙
杯子蛋糕

美麗鐵線蓮、木槿花、銀蓮花，在這春光裡綻放。花瓣像是我的花裙，搖曳在春風裡；花朵，像是我的心情，燦爛在春日裡。期待，在這迷人的春天裡，掀開與你曖昧不明的那張面紗。

適合：情人節、紀念日、探病、訪友。

A 木槿花 P.134

C 銀蓮花 P.138

B 鐵線蓮 P.136

Althea
木槿花 Ⓐ

這朵花的花瓣在裱製過程中，和杜鵑花類似，只是多了抖動的動作，就能讓花朵有了不一樣的樣貌，實在很神奇。另外擠出豆沙雙色的效果，也是學習重點。裱花的世界實在有趣，只要一點點變化，就能讓花朵有更多面貌。

影片教學

花語
The Language of Flowers
溫柔的堅持、堅韌、永恆美麗。

花嘴
Piping
韓國 125K（白色 + 粉紅色豆沙霜）
惠爾通 8 號（黃色豆沙霜）

1 百合花釘
先在中號百合花釘上包覆油紙（包覆方式見 P.16〈韓式裱花 Q&A 19〉之「Q8 百合花釘怎麼用？」）。

1-1

2 花托
取韓國 125K 花嘴，在百合花釘內壁擠出一圈豆沙。

2-1

3 花瓣

將花嘴豎直（圖 3-1）往上拉出花瓣，到頂端時花嘴轉個圓弧讓花瓣超出百合花釘（圖 3-2），再以 M 形且上下抖動的方式（圖 3-3），擠出花瓣，並依此步驟，裱出 5 個花瓣（圖 3-4）。

> **Tips** 裱製花瓣時花嘴角度都是固定的。

4 花心

取 8 號花嘴，由下往上擠出一條下粗上細的花心（圖 4-1、4-2、4-3），再用夾子夾出花心的粗糙感（圖 4-4）。

> **Tips** 若是花心上頭不夠尖，可以手指修飾。

   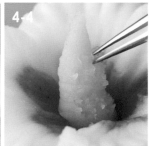

◆ *Erica* 教學重點

☑ 豆沙霜 / 奶油霜擠出雙色
（以紅色：白色 =1：2 為例）祕訣

將紅白兩色豆沙霜裝入裱花袋中紅色在下 1/3，白色在上 2/3（圖 A-1）（做法請見 P.126「Erica 教學重點」之「豆沙霜 / 奶油霜擠出漸層祕訣」），兩色中間無需用手搓揉，就能讓交界處明顯分色（圖 A-2）。

Clematis
鐵線蓮 Ⓑ

難度 Level
♥ ♥ ♥ ♥ ♥

困難度極高，但裱製出來非常美麗，因而許多學生即使覺得困難，仍舊卯足全力學習，一定裱製成功，其中的成就感無與倫比。Erica 老師已經儘可能將步驟敘述清楚，如果還是很難理解的話，搭配影片應該能有更實際的幫助。

影片教學

花語
The Language of Flowers
心靈之美、高潔、善於謀略。

花嘴
Piping
韓國 125K（白色豆沙霜）
惠爾通 349 號（綠色及紫色豆沙霜）

1

底座

取韓國 125K 花嘴，在花釘來回往上擠，做出一個厚實的底座（圖 1-1）。於底座下方，捲上數圈（圖 1-2），做出幾乎與花釘同大的扎實底座。底座完成後，用指腹略微壓緊（圖 1-3）。底座幾乎與 125K 花嘴口同高（圖 1-4）。

2　第一片花瓣

花嘴垂直（圖 2-1）往前邊拉邊擠，右拉畫出一道弧線（圖 2-2），再往左折一點下拉回來（圖 2-3），擠出花瓣。

 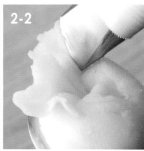 

3　完成花瓣

依步驟 2 的做法裱完 6 片花瓣。

4　花心

取 349 號花嘴由下往上（圖 4-1）、角度往內（圖 4-2），擠出一圈綠色花心。

5　管狀花序

將 349 號花嘴換上紫色＋白色漸層混色（做法見 P.126「豆沙霜擠出漸層雙色」）的豆沙霜，擠出管狀花序。紫白色管狀花序剛開始角度往內，將綠色花心包起（圖 5-1），愈外層角度慢慢打開（圖 5-2）。

Anemone
銀蓮花 ⓒ

銀蓮花有單瓣及重瓣，而且花色繁多，更有漸層或明顯雙色等色系，如此一來，就可以利用 P.126「Erica 教學重點」之「豆沙霜／奶油霜擠出漸層祕訣」，做出不一樣色彩的銀蓮花，一定非常繽紛美麗。

影片教學

🌿 花語
The Language of Flowers
失去希望、漸漸淡薄的愛。

🌿 花嘴
Piping
韓國 125K（白色豆沙霜）
惠爾通 8 號（黑色豆沙霜）
惠爾通 1 號（黑色豆沙霜）

1 底座

取韓國 125K 花嘴，在花釘來回往上擠，做出一個厚實的底座（圖 1-1）。於底座下方，捲上數圈，讓底座變得更扎實（圖 1-2）。底座完成後，用指腹略微壓緊（圖 1-3）。底座幾乎與韓國 125K 花嘴口同高（圖 1-4）。

138

2 第一層花瓣

花嘴豎直（圖 2-1）橫拉裱出像扇形般的半弧形花瓣（圖 2-2）。依此方式，裱出第一層的 5 瓣花瓣（圖 2-3）。

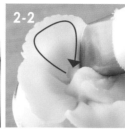

3 第二層花瓣

於第一層兩瓣之間，依步驟 2 的做法，裱出第二層的 5 瓣花瓣。

4 花心

以夾子夾起紫心甘藷粉，撒在花心上（圖 4-1）。取 8 號花嘴，垂直於花心中央，擠出一個黑色圓球（圖 4-2）。取 1 號花嘴，於圓球周圍畫出一圈黑色小小線條（圖 4-3）。

Tips 圓球的大小要幾乎蓋滿花心（圖 **4-2**），同時小線條切勿擠得太規則。

◆ *Erica* 教學重點

☑1 號花嘴使用祕訣

1 號花嘴口很小，豆沙霜要
多加一點水使其變得非常濕
軟，才擠得出來哦！

☑1 號花嘴裝豆沙霜祕訣

因使用量小，可以直接將豆沙霜／奶油霜填入 1 號花嘴裡（圖 A-1、
A-2），再套入花嘴轉換器栓緊後（圖 A-3），就可以直接使用了。

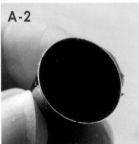

A-1 A-2 A-3

◆裱花筆記

銀蓮花

深紫、純白相間的銀蓮花，
展現屬於她自己的
高雅、大方與氣質，
我最愛的銀蓮花！

高雅大方
花籃蛋糕

初見到這花籃蛋糕，一定會被蛋糕上的裱花作品驚豔。蛋糕上不論是華麗中帶著清新感的花毛茛、成簇成群的快手鬱金香、畫龍點睛的白珠寶等，都讓這個作品既高雅又有著清新的美感。由磅蛋糕做成的花籃，讓作品有了穩固的基礎，是個份量十足的豆沙裱花蛋糕。

適合：朋友聚會、同事升遷、喬遷之喜、生日等。

A 白珠寶 P.144

D 繡球花 P.154

B 花毛茛 P.148

E 鬱金香 P.152

C 威化葉子 P.151

F 花籃 P.156

ERICA CAKE

White Jewelry
白珠寶 Ⓐ

難度 Level
♥ ♥ ♡ ♡ ♡

這款花雖然在作品中是點綴的小角色，但它以獨特的姿態聳立，反而很吸睛。使用夾過的花嘴，更能裱出作品通透的薄透。雖然是小小的作品，但需要注意的細節卻不少。

影片教學

🌸花語
The Language of Flowers
高雅、永恆。

🌸花嘴
Piping

韓國 104 號（夾）（白色豆沙霜）
惠爾通 2 號（綠色豆沙霜）
惠爾通 349 號（綠色豆沙霜）

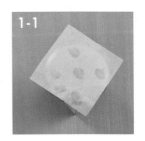
1-1

1 固定油紙

在大號花釘上擠一點點豆沙，將油紙黏在花釘上避免滑動。

2 花瓣

取韓國 104 號（夾）花嘴（見 P.147「Erica 教學重點」之「花嘴的變化」），
B 點輕放在花釘上（圖 2-1），左手逆時針轉花釘，畫出 n 字型（頭部勿太寬）
即完成一個花瓣（圖 2-2）。在花釘上完成數個花瓣（圖 2-3）。

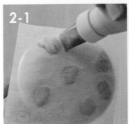
2-1

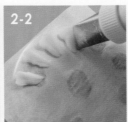
2-2

2-3

3　枝條 & 花心

取一根由義大利麵製成的枝條（見 P.146「Erica 教學重點」之「藤蔓與枝條」），折出想要的長度，取惠爾通 2 號花嘴，插入枝條（圖 3-1），由下往上擠出綠色豆沙包覆枝條頂端（圖 3-2、圖 3-3），形成花心。

4　花冠

取惠爾通 349 號，由花心底部由下往上擠出小葉片（圖 4-1），層層疊疊圍成兩圈，包覆整個花心（圖 4-2）。

5　組合

將烤乾的花瓣 3～4 片分別貼在花冠旁（圖 5-1），即完成白珠寶作品（圖 5-2）。

◆ *Erica* 教學重點

☑ **藤蔓與枝條製作方式**

1 取天使麵 / 直麵的義大利麵條數根煮熟(圖 A-1、A-2),撈起後加入食用色素(綠色或咖啡色)後立即拌勻(圖 A-3)。

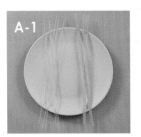

2 在烤盤上排列出想要的形狀(圖 A-4),放入烤箱,以 100℃ 烘烤約 15 ~ 20 分鐘至乾燥定型即可(請依麵條粗細調整烘烤時間)(圖 A-5)。

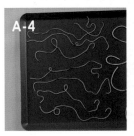
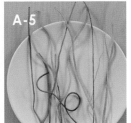

Tips

藤蔓與枝條在裱花蛋糕上經常有畫龍點睛的作用,以煮後烤乾的義大利麵條來製作,就可以做出想要的形狀。煮熟的麵條加入食用色素時要立即拌勻,才不會出現顏色不勻的狀況。

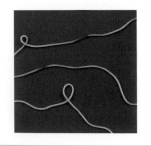

☑ 花嘴的變化

當現有的裱花嘴無法達到輕薄的效果，或是沒有想要的形狀，就只能透過花嘴的「改造」來完成。本書作品，有幾個需要經過「改造」的花嘴，會以「（夾）」來表達。

惠爾通 8 號 / 惠爾通 8 號（夾）	韓國 61 號 / 韓國 61 號（夾）	韓國 104 號 / 韓國 104 號（夾）

用鉗子將圓頭的花嘴左右各壓一下（圖 B-1、B-2），讓它成為扁圓形。

用鉗子將韓國 61 號的寬頭部分略微壓扁（圖 B-3），同時在花嘴的中央也略壓一下（圖 B-4），讓頭 / 中的寬度一致，尾部則仍呈尖狀，可以裱花更薄的花瓣。

用鉗子將 104 號的寬頭部分略微壓扁（圖 B-5），可以裱出更薄的花瓣。

Persian Buttercup
花毛茛 Ⓑ

難度 Level
♥ ♥ ♥ ♡ ♡

花型似牡丹花的花毛茛,因為葉子很像芹菜葉,常被稱為芹菜花。花毛茛的花色品種豐富、顏色艷麗,花瓣薄得像絹布,所以需要以夾過花嘴來裱,才能做出理想的樣子。

影片教學

花語
The Language of Flowers
受歡迎。

花嘴
Piping
惠爾通 8 號(夾)(咖啡色豆沙霜)
韓國 61 號(夾)(淡綠色豆沙霜)
韓國 125K(淡黃色豆沙霜)

1 底座

將擠花袋放入轉換器,再裝入白色豆沙霜,在花釘上擠出一個大底座。(圖 1-1)

2 花心

取惠爾通 8 號(夾)花嘴,在底座中心由下往上垂直擠出一個咖啡色的籽(先稍微大力擠一下,再往上慢慢拉起)。

3

內層花瓣

取韓國 61 號（夾）花嘴，花嘴上方與花心約呈 15 度角（圖 3-1），圍繞著花心的四個角落，由上而下相互交疊的方式，分別擠出 2 ～ 3 層花瓣，並在四個角落的花瓣交錯處，再多擠 1 ～ 2 片花瓣（圖 3-2），讓四角更明顯些（圖 3-3）。

Tips

中間的花心不能完全被包住，要留空間露出一點。

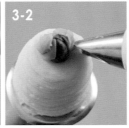

4

中層花瓣

取韓國 125K 花嘴，花嘴面與內層花瓣平行（圖 4-1），由四個角落分別包上數片花瓣，為讓花朵較為自然，建議可以一區裱上 3 ～ 4 瓣（圖 4-2）、第二區 3 瓣，剩下兩區則各裱上 2 瓣，千萬不要四區都一樣厚（圖 4-3）。

5

外層花瓣

將韓國 125K 花嘴的上端略微打開（圖 5-1），一樣分四區繼續裱花 2 ～ 4 片花瓣（手法與 P.57「田園玫瑰」步驟 4）（圖 5-2）。在四區花瓣下方加強底座，並在底座上繼續裱製更綻放的花瓣（圖 5-3）。

6 裝飾

在四區相連的縫隙中補上小花瓣（圖6-1），讓整體更為柔和，減少四個分區
的明顯度。花朵裱好後，可以將食用色素加一點伏特加酒稀釋（圖6-2），以
惠爾通蛋糕刷色筆在各層花瓣間加一些陰影（圖6-3）。

7 完成

裱好且裝飾好的花朵，因為底座很厚，可以先將底座由花瓣底由上往下刮除（圖
7-1、7-2），再以花剪將花朵取下（圖7-3）。

Wafer Paper Leaf
威化葉子 ⓒ

難度 Level
♥ ♡ ♡ ♡ ♡

威化紙（Wafer Paper）又稱糖紙，是用來做蛋糕裝飾的材料之一，它具有製作快速、方便保存，又輕又可食用、也不怕碎，還好上手的優點。拿來做花朵或葉子都很適合。

材料 威化紙、藤蔓枝條

1 製作葉子

取威化紙裁成適當大小，剪出數個葉片（圖1-1）。食用色素加一點伏特加酒稀釋，以惠爾通蛋糕刷色筆（平筆）在葉片塗上顏色，靜候片刻待乾，不要太濕（圖1-2）。

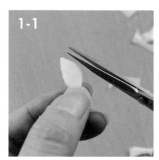
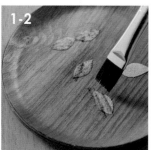

2 黏貼枝條

取烤好的最細天使麵枝條，將數片葉片沾水（水只要沾一點點，以免威化紙太濕攤軟），將葉片黏在上面（圖2-1、2-2）。

Tulip
鬱金香 Ⓔ

難度 Level
♥ ♥ ♡ ♡ ♡

使用了俄羅斯花嘴來裱這款花朵，非常快速方便。俄羅斯花嘴是快速裱花的好工具，只要運用得宜，也能裱出你想要的效果。這款花運用混色豆沙霜，讓花朵更具特色。

影片教學

花語
The Language of Flowers
愛的表白、永恆的祝福。

花嘴
Piping
俄羅斯花嘴（三色豆沙霜）

1 多色豆沙霜

將俄羅斯花嘴套入透明擠花袋中，再套入一個擠花袋（圖 1-1）。將三色豆沙霜分別裝入擠花袋中（圖 1-2），以刮板將豆沙霜推到花嘴處（圖 1-3）。

> **Tips** 套 2 層擠花袋的目的是避免在擠的過程中，壓力過大導致破袋。

2 擠花

將花嘴平貼在花釘上（圖 2-1），由下往上力道均勻一氣呵成往上拔出一朵高度 3～4 公分的花型（圖 2-2），取下靜置 30 分鐘～1 小時（或以電風扇吹）待豆沙稍微乾燥方便塑型（圖 2-3）。

3 塑型

將鬱金香底部多餘的豆沙捏掉（圖 3-1），將整個花形收成 U 字型（圖 3-2），也可以將花瓣打開些，讓花朵呈現不同姿態（圖 3-3）。

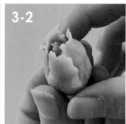
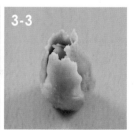

◆ *Erica* 教學重點

☑ 這款鬱金香運用了區塊混色豆沙霜，顏色運用可以大膽一點，讓花朵呈現不同顏色的美感。

Tips

鬱金香很適合多擠一些，成群裝飾在蛋糕上，是很不錯的配角。

Hydrangea
繡球花 Ⓓ

繡球花的真實花朵是以許多四瓣花組合而成，在豆沙裱花的世界裡，則以小花來代表。裝飾的時候把許多小花堆疊在一起，就會有繡球花的效果，也可一小朵一小朵分散裝飾，也很可愛，裱製技巧並不難，是一款很容易入門的裱花花朵。

影片教學

🌸 花語
The Language of Flowers
希望。

🌸 花嘴
Piping
韓國 104 號（夾）（桃紅色豆沙霜）
惠爾通 2 號（白色豆沙霜）

1 底座

取韓國 104 號（夾）花嘴，在小花釘來回往上擠，做出一個小底座。底座比花嘴口高度略低一點。

1-1

Tips 使用韓國 104 號（夾）花嘴是為了讓繡球花的花瓣呈現理想中薄透的效果。這樣裱出的花瓣讓繡球花花型更具立體感。

2 花瓣

花嘴 A 點抬高至 45 度,由左至右橫拉出第一片花瓣至中心點(圖 2-1、2-2)。緊接著花釘逆時針轉 90 度,花嘴再重複前一個動作拉出花瓣(圖 2-3),一共做 4 次,將 4 個花瓣完成(圖 2-4)。

3 花心

取 2 號花嘴以垂直角度,在花朵中央點出 3 個小點,成為花心。

◆ *Erica* 教學重點

☑ **奶油霜 / 豆沙霜擠出混色效果的祕訣**

想要做出白色與紅色相間,又帶點粉色的豆沙霜,可以在白色豆沙霜裡加一點仙人掌粉(A-1),略微攪拌即可(A-2),不要攪拌到完全均勻。

以這樣的方式,可以製作出各種混色效果(A-3),創造出更繽紛色彩的裱花作品。

Flower basket Cake
花籃蛋糕 Ⓕ

難度 Level
♥ ♥ ♡ ♡ ♡

想做一款獨具特色的裱花作品，花籃蛋糕是不錯
的選擇。從烤個磅蛋糕做起，到完成花籃的編織，
雖然得花不少時間，但完成後卻很讓人驚艷，是
個很值得投資時間製作的作品。

🌸 花嘴
　Piping
惠爾通 22 號（咖啡色豆沙奶油霜）

編織花籃豆沙與奶油的配方為：
豆沙：奶油＝ 300 克：120 克

1-1

1 蛋糕體

先烤出一個磅蛋糕（使用 SN2070 烤模），蛋糕表面
抹上一層與編織同色的豆沙奶油霜。要完成此花籃的
豆沙奶油霜約需 400 克左右。

2 花籃編織

取惠爾通 22 號花嘴，裝入擠花袋、加入豆沙奶油霜備用。
先在蛋糕四個角，由下往上拉出線條（圖2-1）。長邊先在中間拉出一條線條（圖
2-2），左右半邊各自拉出 2 條線（圖 2-3），各平分成 3 等分。

短邊則拉出 2 條線（圖 2-4），平分成 3 等分。
底部及上邊各繞一圈（圖 2-5、2-6）。

中間部位繞一圈（圖 2-7）。再由此線條的上半部及下半部（圖 2-8）再各繞
一圈。在長短邊的兩條直線中間，再由下往上拉出直線（圖 2-9）。

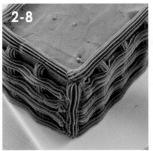

在長短邊的兩條橫線中間，拉出橫線（圖 2-10）。在四個邊角，兩條橫線中間，
再拉出橫線（圖 2-11），完成花籃製作（圖 2-12）

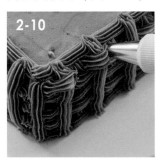

Part 5

為平凡蛋糕
裱畫出
最美的裝飾

想做出令人眼睛為之一亮的蛋糕？
想為心上人獻上綿綿的情意？
來做韓式裱花蛋糕吧！
它好看、好吃，只要花點心思，
就能做出絕美的蛋糕。
跟著 Erica 老師，我們一步步
把美麗的奶油霜花、豆沙霜花，
裝飾在蛋糕上吧！

6 吋韓式裱花
蛋糕裝飾法

Step 1 完成希拉姆蛋糕

準備一個好希拉姆（做法見 P.24〈韓式裱花 Q&A 19〉之 Q14「希拉姆蛋糕怎麼做？」）或韓式米糕（做法見 P.20 之 Q12「韓式米糕怎麼做？」）。Erica 老師先以希拉姆蛋糕作為裝飾示範。

希拉姆蛋糕

韓式米糕

Step 2 蛋糕抹上奶油霜

希拉姆蛋糕可以先將蛋糕分層，內層夾好奶油霜或果醬等，再將整顆蛋糕塗抹上奶油霜，冷藏或冷凍將奶油霜冰硬後，即可開始組裝。如果不想抹太多奶油霜，也可以不用全部都抹，現在很流行的裸蛋糕，也是不錯的選擇。

> **Tips**
>
> 新手建議奶油霜冰硬後再組裝，如此一來花與蛋糕上的奶油霜不會沾得到處都是；至於熟手在抹面完成後，可以馬上裝飾沒有問題。

材料

希拉姆蛋糕 6 吋 ········· 1 個
打好的奶油霜 ··········· 適量

1　將烤好的希拉姆蛋糕放涼備用（圖 1-1），將突出於烤模上方的蛋糕切掉（圖 1-2）。

2　用脫膜刀在烤模刮一圈，方便將蛋糕取出（圖 2-1），分成 3 等份（圖 2-2）。可使用蛋糕分片器輔助切割，快速又方便。

3　在蛋糕底盤抹上奶油霜（圖 3-1），將 1/3 的蛋糕置於蛋糕底盤正中央，上頭均勻塗抹一層薄薄的奶油霜（圖 3-2）。不建議抹太厚，以免膩口。

4　將剩下的兩片 1/3 蛋糕疊好，並塗抹上奶油霜（圖 4-1）。並在外表仔細地將奶油霜抹好（圖 4-2），置於冷藏或冰凍冰硬備用。

Step3
裝飾蛋糕

如何讓美美的裱花裝飾在蛋糕上？Erica 老師特別示範一組 6 吋蛋糕，讀者可以跟著老師的步驟慢慢練習，組裝出令人驚豔的韓式裱花蛋糕。

1 先在蛋糕上擠出兩圈奶油霜，當作底座。

2 取好角度，花剪輕輕向後抵，即可將花固定在蛋糕上。

3 依照步驟 2 的做法，將底座圍上一圈奶油霜花。

4 再用奶油霜將底座補滿。

材料

完成抹面的 6 吋希拉姆蛋糕 1 個
惠爾通 8 號花嘴（綠色奶油霜）
惠爾通 2 號花嘴（白色奶油霜）
韓國或惠爾通 352 號（綠色奶油霜）
裱好的各色奶油霜花

工具

花剪
乾淨的濕抹布（可隨時擦拭花剪）

5 接著將上頭填滿玫瑰（圖5-1），接著在空隙中填上葉子（做法請見P.98錢串或P.48太陽花）、花苞及滿天星（圖5-2）。

5-1

5-2

Tips

影片教學

花苞做法

1 取8號花嘴，與蛋糕體垂直，慢慢擠出一個綠色的柱狀。

2 取2號花嘴，插入綠色柱狀體表面約0.2公分，慢慢裱出白色奶油霜，覆蓋柱狀體表面。

影片教學

滿天星做法

1 取2號花嘴，與蛋糕體垂直，慢慢拉出一條綠色柱狀。

2 取2號花嘴，在綠色柱狀上頭，裱出點點白色奶油霜覆蓋在表面，8分滿左右，較生動自然。

◆ *Erica* 教學重點

☑ 關於在蛋糕上的配色問題，請見 P.31〈韓式裱花 Q&A19〉之「Q17 韓式裱花蛋糕如何配色？」

韓式杯子
米糕裝飾法

Step1　準備杯子蛋糕

可以拿任何一款杯子蛋糕來製作，而杯子蛋糕上面的裱花，可以是奶油霜花，也可以是豆沙霜花，各有其不同味道。此處是以杯子米糕為示範，有關米糕的製作，請見 P.20「Part1 裱花 Q&A19 之 Q12 韓國米糕怎麼做？」

Step2　組裝杯子蛋糕

杯子蛋糕面積較小，最簡單的方式就是拿一朵大花，直接放在蛋糕上。若是想要用數朵花裝飾，就必須把握一些裝飾技巧。現在就跟著 Erica 老師，一起學習杯子蛋糕的裝飾技法。

材料

杯子米糕 1 個
惠爾通 8 號花嘴（綠色豆沙霜）
惠爾通 2 號花嘴
（白色及粉紅色豆沙霜）
擠好的各色豆沙霜花、葉子

工具

花剪
乾淨的濕抹布（可隨時擦拭花剪）

Step3
裝飾蛋糕

1 取 8 號花嘴，在杯子蛋糕上擠出白色或綠色奶油霜底座。

2 以花剪取一朵豆沙霜花，斜靠在底座旁邊（圖2-1），將另一朵花也擺在杯子蛋糕上（圖2-2）。

3 將豆沙霜葉子也擺放上去，錯落在兩朵花之間（圖3-1），依照整體需求，取 8 號及 2 號花嘴，分別做出粉紅色花苞（圖3-2）（見 P.164 花苞做法）。

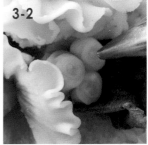

花籃蛋糕
裝飾法

Step1　準備花籃蛋糕

準備一個花籃蛋糕（做法見 P.156「花籃蛋糕」），花籃線條的顏色可依個人喜好或搭配花朵變換。

Step2　各式花朵材料

依想要做出的作品，裱出各式花朵。顏色上可依個人喜好調整，但須注意的是整體的顏色要搭配得宜，不要太過複雜。除了花卉之外，各種造型的葉子或枝條，也能擁有畫龍點睛的效果，不妨也製作一些使用。

材料
花籃蛋糕 1 個
惠爾通 2 號花嘴（白色豆沙霜）
擠花的各色豆沙霜花、葉子

工具
花剪
乾淨的濕抹布（可隨時擦拭花剪）

Step3
裝飾花籃

1 底座
先在蛋糕上擠出
1圈豆沙霜，當
作底座。

2 主花
定出主花位置（圖2-1），依花朵大小、
高低層次不同，擺放在蛋糕上。因為花
籃蛋糕是長方形造型，因此花朵的擺放
可以呈S形排列（圖2-2）。

3 配花
配花通常比主花小，此款作品以鬱金香
當成是配花，可以一簇簇堆放在一起（圖
3-1），散落在各角落（圖3-2）。

4 營造層次

放上最漂亮的主花疊在原本的花朵上營造層次（圖 4-1），疊上時，底部的花要有一部分露出，若隱若現，適當地以裱花剪提高或壓扁花朵的位置，營造出高低的層次（圖 4-2）。

5 裝飾

整個花籃的花朵大致擺放完成，就可以使用一些小配角來點綴畫面。像是放些羊耳葉垂在邊緣（圖 5-1）、擠些小花苞（見 P.164「花苞做法」）填空隙（圖 5-2）、利用繡球花點綴畫面（圖 5-3）、擺放白珠寶增加高低層次、放一些枝條增加作品精緻度（圖 5-4）。

> **Tips** 在裝飾的過程中，要留意枝條的高度，以免無法裝入蛋糕盒。

6 貼紙

可購買自己喜歡的貼紙，貼在塑料膠片（賽璐珞）上，剪下後，可直接貼在花籃（圖 6-1）。記得賽璐珞片的四邊須預留約 0.2 公分的距離，貼在蛋糕上，豆沙奶油霜才不會暈染到貼紙的表面。

Cook50195

韓式裱花【活動主題蛋糕增訂版】
超過 600 張步驟圖、46 支完整裱花影片，以及作者不
藏私完美配色秘訣、調色方法。

作者	艾瑞卡 Erica
攝影	林宗億、徐榕志
美術設計	許維玲
編輯	劉曉甄
行銷	石欣平、邱郁凱
校對	連玉瑩
企畫統籌	李橘
總編輯	莫少閒
出版者	朱雀文化事業有限公司
地址	台北市基隆路二段 13-1 號 3 樓
電話	02-2345-3868
傳真	02-2345-3828
劃撥帳號	19234566　朱雀文化事業有限公司
e-mail	redbook@ms26.hinet.net
網址	http://redbook.com.tw
總經銷	大和書報圖書股份有限公司　（02）8990-2588
ISBN	978-986-98422-4-2
增訂一版一刷	2020.02
定價	499 元
出版登記	北市業字第 1403 號

國家圖書館出版品預行編目

韓式裱花【活動主題蛋糕增訂版】：超
過600張步驟圖、46支完整裱花影片，
以及作者不藏私完美配色秘訣、調色
方法。／艾瑞卡 著；——增訂一版一
刷——臺北市：朱雀文化，2020.02 面；
公分——(Cook；195)
ISBN 978-986-98422-4-2(平裝)
1.點心食譜

About 買書

●朱雀文化圖書在北中南各書店及誠品、金石堂、何嘉仁等連鎖書店均有販售，如欲購買本公司圖書，建議
你直接詢問書店店員。如果書店已售完，請撥本公司電話（02）2345-3868。
●●至朱雀文化網站購書（http：／／redbook.com.tw），可享 85 折起優惠。
●●●至郵局劃撥（戶名：朱雀文化事業有限公司，帳號 19234566），掛號寄書不加郵資，4 本以下無折扣，
5～9 本 95 折，10 本以上 9 折優惠。